Göran Seyfarth
Barbara Gerlach

50 sagenhafte Naturdenkmale in Thüringen

Göran Seyfarth · Barbara Gerlach

50 sagenhafte Naturdenkmale in Thüringen

Bäume · Quellen · Seen · Berge · Höhlen · Felsen

steffen verlag

Übersichtskarte

14
15
Nordhausen
26
Sondershausen
Wipper
Unstrut
Sömmerda
Gera
Apolda
Erfurt
11
Weimar
34
Altenburg
7 – 10
21
19
Jena
31
38
20
Ilm
Arnstadt
Kahla
Gera
Weida
Saale
Rudolstadt
46
Zeulenroda
39
18
Bad Blankenburg
40
Ilmenau
42
43
Hohenwarte-
stausee
Saalfeld
49
5
Bleiloch
stausee
41
27
32
37
44
Sonneberg

Inhaltsverzeichnis

Teufelskanzel im Werratal

Vorwort

An landschaftlicher Vielfalt mangelt es in Thüringen nicht. Von schroffen Felsgebilden bis zu sanften Hügeln, von weiten Ebenen bis zu reizvollen Mittelgebirgen überraschen die gut 16 000 Quadratkilometer des Freistaates mit mancher Besonderheit. Ob es sich um einen Baum oder einen ganzen Wald, einen Berg oder eine Quelle, ein Gewässer oder eine Höhle handelt – eine Entdeckung wert sind sie allemal. An manchen Orten drängen sich Touristen, anderswo herrscht einsame Stille, etliche der Naturerscheinungen sind von Menschenhand geformt, andere wiederum werden bewusst sich selbst überlassen.

Seenlandschaft bei Erfurt

Große und Kleine Golke

Die Kraft des Wassers

Bad Langensalza

1 Unsere kleine Reise kreuz und quer zu den Naturdenkmalen Thüringens beginnt an einem unscheinbaren Ort. Ufhoven, ein Ortsteil der Kurstadt Bad Langensalza, ist nicht nur für seine Tradition der Rosenzucht bekannt. Etwa 1870 begann man hier mit dem gewerbsmäßigen Anbau der »Königin der Blüten«. Bei der Eingemeindung im Jahr 1950 übernahm Bad Langensalza dieses Erbe. Heute laden neben dem Rosengarten mit seinen etwa 450 Rosenarten weitere reizvolle Parks in der Kurstadt zum Bummeln ein. Im Frühjahr zur Blütezeit ist der Magnoliengarten ein besonderer Anziehungspunkt. Fernöstliche Harmonielehren bilden die gestalterische Philosophie im japanischen Garten. Der Apothekergarten vermittelt Wissenswertes

Zwei ungleiche Schwestern: die Große …

zum Thema Heilpflanzen, im Arboretum sind über 100 Baumarten zu bewundern. Jeder dieser Parks für sich lohnt schon eine Reise in die Kurstadt. Doch unweit davon gibt es eine weniger bekannte Besonderheit zu entdecken. In Ufhoven entspringt das recht unscheinbare Flüsschen Salza. Nach nur etwas mehr als fünf Kilometern fließt die – übrigens nicht mit den Bächen im Mansfelder Land oder in Nordhausen zu verwechselnde – Salza in die Unstrut. Die beiden Quellen der Salza sind nicht frei zugänglich und befinden sich etwas versteckt in einem kleinen, unter Naturschutz stehenden Wäldchen im Südwesten von Ufhoven. Eine von ihnen, die Große Golke, beeindruckt durch ihre blaue Farbe. Ursache dafür ist der durch den Druck des austretenden Wassers am Boden des Quelltopfes aufgewirbelte Sand. Immerhin treten dort rund 240 Liter pro Sekunde aus einem unterirdischen Karstsystem zutage. Geologen würden an dieser Stelle zu umfangreichen Erklärungen ausholen, um alle Facetten der Karsterscheinungen detailreich zu erläutern. Vereinfacht könnte man vielleicht

… und die Kleine Golke

sagen, dass Regenwasser und das Gestein chemische Reaktionen eingehen und – sofern das unterirdisch geschieht – durch die Auflösung des Gesteins Hohlräume entstehen. Diese Hohlräume brechen meist irgendwann ein und hinterlassen an der Oberfläche kraterartige Vertiefungen. Der Geologe spricht dann von Erdfällen. Ein Erdfall kann nur wenige Meter groß sein oder auch größere Flächen betreffen. Während die Golke bereits vor einem halben Jahrtausend zum ersten Mal erwähnt wurde, gibt es auch Beispiele von Erdfällen aus jüngerer Zeit. In Schmalkalden brach die Erde am 1. November 2010 plötzlich ein, im »Focus« war damals von gigantischen 20 000 Kubikmetern Erde zu lesen, die einfach so in einen unterirdischen Hohlraum gerutscht waren. Zum Glück kamen keine Personen zu Schaden, lediglich ein Auto und einige Gebäudeteile fielen der Naturerscheinung zum Opfer. Das grenzt an ein Wunder, denn immerhin gab die Erde mitten in der Nacht nach und unterbrach eine Straße durch ein Wohngebiet. Ein ähnlicher Vorfall ereignete sich am 19. Februar 2016 in Nordhausen. Auf einem Betriebsgelände brach die Erde ein und hinterließ einen Krater, rund 40 Meter tief und mit einem Durchmesser von 30 Metern. Feuerwehrleute wurden kurz zuvor während einer Übung auf zwei kleinere Löcher im Boden aufmerksam und vernahmen verdächtige Geräusche. Wenig später verschlang die Erde das halbe Firmengebäude.

Wenn man auf den blau schimmernden Quelltopf der Großen Golke schaut, ahnt man nichts von derlei Urgewalten. Noch weniger bedrohlich wirkt die zweite Salza-Quelle, die nur wenige Meter entfernte Kleine Golke. Deren Oberfläche ist mit Wasserpflanzen weitgehend bedeckt. Der Wasserausstoß – oder geologisch korrekt: die Schüttung – ist hier nur etwa halb so groß. Und obwohl wir den beiden ungleichen Schwestern keine gewaltsam zerstörerischen Absichten unterstellen wollen, wird doch klar, dass die Natur immer wieder für eine unvorhersehbare Überraschung gut ist.

Altensteiner Höhle

Ruheplatz für Bären

Bad Liebenstein Ortsteil Schweina

❷ Herzog Georg I. von Sachsen-Meiningen war zeitlebens etwas kränklich. Entsprechend positiv stand der Regent einem Gutachten seines Meininger Hofarztes Friedrich Jahn gegenüber. Der Mediziner lobte in seinem Papier aus dem Jahr 1791 die heilende Wirkung der Liebensteiner Quellen. Der Landesvater erkannte daraufhin das Potential des Ortes, erwarb das in der Nähe befindliche Altensteiner Schloss und ließ es zur Sommerresidenz für die herzogliche Familie umbauen. Teil der Maßnahme war die planmäßige Anlage des 112 Hektar großen Landschaftsparks. 1799, also ein Jahr nach Beginn der Gartengestaltung, machten die Arbeiter eine sensationelle Entdeckung. Johannes Walch, Pfarrer der Gemeinde Schweina, griff zur Feder und notierte dazu in der Chronik seiner Pfarrgemeinde:

Unscheinbarer Eingang in eine zufällig entdeckte Unterwelt

Schloss Glücksbrunn unweit der Altensteiner Höhle

»Unstreitig war die Entdeckung der Höhle unter dem Hohlen Stein hinter dem Glücksbrunnischen Garten im Juni dieses Jahres das Merkwürdigste für die hiesige Gegend. Die beiden Bergleute Valentin Göcking und Johannes Schulz von hier sprengten Felsen zur Anlage der Chaussee und es zeigte sich am Ende des Hohlen Steins eine Öffnung 1/2 Schuh breit und 5 Schuh lang, aus welcher Wetter also Luft gingen. Sogleich wurde die Höhle erweitert und schon am ersten Tage also musste Göcking die Höhle, welche 10 Schuh tief war, genauer untersuchen. Unten zeigte sich wieder eine andere Öffnung von der Größe eines kleinen Kellers nach Osten zu, in welchen man den 16-jährigen Bergbursch Christoph Horst hinunter schob. Hier zeigte sich abermals eine Kluft, durch welche sich Schulz zuerst wagte und aufs Neue eine Höhle von der Größe und Höhe einer Rute entdeckte …« Der Herzog selbst verwarf ursprüngliche Pläne, die Höhle sofort zu verfüllen, und bestand auf Erkundung. Monate später wurde die Altensteiner Höhle als älteste Schauhöhle Thüringens eröffnet. Durch den damals geschaffenen Stollen gelangen auch heute noch

Besucher ins Innere. Parallel dazu liefen wissenschaftliche Untersuchungen. Gefunden wurden unter anderem Fossilien des »Höhlenbären«, einer ausgestorbenen Bärenart, die sich zur Winterruhe in die Grotte zurückzog. Ein Teil der Funde ist heute im entsprechenden Bereich der Höhle ausgestellt.

Bei der Altensteiner Höhle handelt es sich übrigens um eine aktive Flusshöhle, welche durch infolge chemischer Reaktion ausgewaschenes Gestein entstand. Wenige Jahre später wurde der Ort Liebenstein durch Zusammenschluss der bislang selbstständigen Dörfer Sauerbrunnen und Grumbach gegründet, den Namen wählte man nach der in der Nähe liegenden Burg Liebenstein. Herzog Georg I. erlebte die Verwirklichung seiner Visionen nur teilweise. Der Regent verstarb 1803 im Alter von nur 42 Jahren. Unter seinen Nachfolgern erlebte das Kurwesen in den folgenden Jahrzehnten seine Blüte. Sein Enkel Georg II. galt als Förderer von Kunst und Kultur. Ihm und seinen Kontakten zu namhaften Malern, Bildhauern, Schauspielern, Musikern und Wissenschaftlern jener Zeit ist es zu verdanken, dass Bad Liebenstein seine Blütezeit erlebte. Den regelmäßig vorfahrenden Kutschen entstieg manch prominenter Vertreter aus Adel, Kunst und Gesellschaft. Franz Liszt, Richard Wagner und Johannes Brahms weilten im Ort, aber auch Otto von Bismarck oder die Goethe-Freundin Charlotte von Stein waren zu Gast. Dabei ist zu vermuten, dass einige der bedeutenden Persönlichkeiten auch das Portal der Höhle durchschritten haben. 1907 verlieh Kaiser Wilhelm II. Liebenstein den Zusatz »Bad«. Doch auch die Kriege und Krisen des 20. Jahrhunderts konnten den Ruf des ältesten Heilbades Thüringens nicht zerstören. Im Jahr 2013 stand Bad Liebenstein in der Liste der Thüringer

Tempelkulisse am Höhlensee – entspricht dem Zeitgeschmack der Romantik-Epoche

Kommunen mit den meisten Übernachtungen an fünfter Stelle, wie in entsprechenden Schriften des Statistischen Landesamtes nachzulesen ist.

Die Geschichte der Altensteiner Höhle büßte seit ihrer Entdeckung nichts von ihrer Anziehungskraft ein. Besucher unserer Tage können rund 330 Meter der insgesamt etwa zwei Kilometer langen Altensteiner Höhle besichtigen und dabei die Tropfsteinformationen oder den unterirdischen Höhlensee bestaunen. Im »Dom«, einem zum Konzertsaal umgebauten Bereich, erlebt man bei gelegentlichen Events die besondere Akustik unter der Erde. Die Höhle war übrigens Drehort für einige Filme, so die Märchenverfilmung »Der Teufel mit den drei Goldenen Haaren« aus dem Jahr 2009. Aber auch ein Werbespot für »Arla-Höhlenkäse« entstand hier. Dieser vermittelte die Illusion, die Höhle befände sich in Dänemark.

Informationen zu Führungszeiten und Veranstaltungen erhält man in der Tourist-Information Bad Liebenstein.

Efeu an der Burg Hanstein

Allegorie der Ewigkeit

Bornhagen

3 Seit langem gilt der Efeu den Menschen als Symbol der Treue und Beständigkeit. Die rankende, immergrüne und scheinbar lichtscheue Pflanze kann es unter Umständen auf ein Alter von mehreren Jahrhunderten bringen und versinnbildlicht so quasi die Ewigkeit. Zur Begrünung von Gebäuden wird häufig der »Gemeine Efeu«, lateinisch: Hedera helix, verwendet. Diese in unseren Breiten am meisten vertretene Art kann an Mauern 20, manchmal sogar bis zu 30 Metern emporklettern. Allerdings sollte man nicht die giftige Wirkung unterschätzen. Alle Teile der Pflanze enthalten Stoffe, die schon in geringen Mengen beim Menschen toxische Reaktionen hervorrufen können. In der Naturheilkunde erweist sich Efeu – richtig dosiert – als nützlich. Dem ästhetischen Reiz sind derartige Eigenschaften

Das Grün des Efeus erobert langsam das Grau des Steins.

wenig abträglich. Ein besonders schönes Exemplar der Pflanze kann sich ungestört an der Nordwand der Burgruine Hanstein ausbreiten. Die Ranken nehmen ungerührt von allen äußeren Einflüssen das alte, zerbröckelnde Mauerwerk in Besitz, die filigran anmutenden Haftwurzeln verfügen über Kraft und Stärke und scheinen den mächtigen Steinen irgendwann die Zerstörung zu bringen.

Die Burg Hanstein befindet sich im westlichen Eichsfeld auf einer Anhöhe unweit des Werratals. Nur etwa vier Kilometer nördlich davon bilden die Grenzen von Thüringen, Hessen und Niedersachsen ein Dreiländereck. Wann genau die Burg errichtet wurde, lässt sich nicht zweifelsfrei belegen. Die ersten gesicherten Aufzeichnungen stammen aus dem Jahr 1070, ein Mönch berichtet darin allerdings nicht über den Bau, sondern über die Zerstörung der Festung. Die Gründe für die Gefechte sind heute nicht mehr nachvollziehbar. In den folgenden Zeiten wechselten die Besitzer genauso rasch wie die Gründe für die kriegerischen Auseinandersetzungen. Infolge einer Erbteilung gelangte die Burg zu Beginn des 13. Jahrhunderts in den Besitz des damals mächtigen Mainzer Erzbistums. Rund 100 Jahre später entstand das heute noch vorhandene Bauwerk. Der Mainzer Kurfürst und Erzbischof erteilte den Brüdern Heinrich und Lippold von Hanstein am 4. Oktober 1308 die Genehmigung, auf eigene Kosten einen Neubau zu errichten. In den folgenden Jahrhunderten kam es laufend zu baulichen Veränderungen, bei denen weitere Gebäudeteile hinzugefügt wurden. Auf einer nahen Anhöhe am gegenüberliegenden Ufer der Werra begann im Jahr 1415 die Errichtung der Burg Ludwigstein. Hessens Landgraf Ludwig I. beschloss, von hier aus die Aktivitäten der Kurmainzer im Eichsfeld zu beobachten. Nicht grundlos, denn Plünderungen, blutige Fehden und räuberische Aktivitäten bestimmten den Alltag damals. Später waren die Zeiten kaum friedlicher, im Dreißigjährigen Krieg zerstörten schwedische Truppen die Burg Hanstein. Ein vollständiger Wiederaufbau fand bis heute nicht statt. Im 19. Jahrhundert war die Burg Wanderziel Göttinger Studenten und – in der Ära der Burgenromantik und des

Zeichen des Wandels: Wachstum und Verfall

Strebens nach einem deutschen Nationalstaat – Inbegriff ihrer romantischen Sehnsüchte. Nach dem Zweiten Weltkrieg nutzten DDR-Soldaten den Nordturm zur Kontrolle der innerdeutschen Grenze. Von hier aus hatten sie gute Sicht auf den Grenzverlauf im Werratal, um Menschen davon abzuhalten, in den freien Teil Deutschlands zu fliehen. Auch diese Ära ging vorbei. Denkmalschützer begannen mit der Sanierung der Bausubstanz. Im Jahr 2008 beging man das 700-jährige Burgjubiläum, die »Thüringer Landeszeitung« berichtete ausführlich und listete die hier angeführten Fakten aus der Geschichte auf. Heute kümmert sich ein Verein um die Burg Hanstein. Ein Museum informiert über die Geschichte, gelegentlich finden Veranstaltungen und fröhliche Feste statt.

Efeu als Symbol der Ewigkeit trägt den Sieg über den Hass und die Feindseligkeiten der Jahrhunderte. Burg Hanstein, einst geschaffen, um in kriegerischen Auseinandersetzungen Positionen zu wahren und zu verteidigen, zerfällt scheinbar unter der Kraft der Ranken. Konflikte, die gestern noch existenzbedrohend erschienen, sind heute kaum mehr als mahnende Notizen in den Geschichtsbüchern. Bleibt zu hoffen, dass der Efeu weiterhin seinen Lebensraum behaupten kann.

Trusetaler Wasserfall

Ein Hauch von Niagara

Brotterode-Trusetal

4 Manche Naturdenkmale sind das Ergebnis einer spontanen Idee. Der Trusetaler Wasserfall ist zum Beispiel auf die Idee eines Fürsten in seinen späten Lebensjahren zurückzuführen. Jener Fürst Karl Bernhard von Sachsen-Weimar-Eisenach, Sohn des Goethe-Freundes und Förderers der Weimarer Klassik Karl August, unternahm zeitlebens neben seiner Militärlaufbahn und seinen mathematischen Studien zahlreiche Reisen. Von seinem im Sommer 1825 begonnenen knapp einjährigen Nordamerikaaufenthalt existiert ein ausführlicher Reisebericht. Zuletzt erschien das Werk, herausgegeben von Walter Hinderer und Alexander Rosenbaum, 2017 im Verlag Königshausen und Neumann. Bernhard reiste, so lesen wir dort, nicht allein aus Neugier. Fasziniert von den Ereignissen um die Gründung der Vereinigten

Reizvoll aus jeder Perspektive

Zugegeben: Beim Größenvergleich punktet Niagara.

Staaten erwog er durchaus »im Inneren von Amerika ein Stück Land urbar zu machen und mir und meinem Sohn späterhin eine völlig freie Existenz zu bereiten«. Bernhard war von der Begegnung mit dem greisen John Adams, einem der Unterzeichner der Unabhängigkeitserklärung von 1776, ergriffen, bereiste Farmer, die die einsamen Landstriche besiedelten und urbar machten. Wochenlang hielt er sich in den aufstrebenden Städten wie Boston, Philadelphia, New York oder Washington auf, hörte Schicksale von Auswanderern und berichtete seinerseits von den Entwicklungen in der »Alten Welt«. Einer der Höhepunkte der Reise war für Bernhard ein Besuch der Niagarafälle, »wohin«, so schrieb er, »ich mich seit meiner zartesten Kindheit wünschte«.

Jahrzehnte später, nach dem Tod seiner Frau im Jahr 1852, weilte Herzog Bernhard mehrfach zu Kuraufenthalten in Liebenstein. Dort traf er auf die etwa gleichaltrige, ebenfalls verwitwete Auguste von Hessen. Die beiden verstanden sich prächtig, führten lange Gespräche und unternahmen Ausflüge in die Umgebung. Einige ihrer gemeinsamen Wanderungen führten sie ins nahe Trusetal. Um die touristische Anziehungskraft des Gebietes zu erhöhen, kam ihnen unter anderem die Idee in den Sinn, hier einen künstlichen Wasserfall zu errichten. Aus kühnen Visionen wurden bald konkrete Pläne. Auguste, Tochter des Landgrafen Friedrich III. von Hessen-Kassel-Rumpertsheim, machte ihren Einfluss geltend und versuchte, Regierungsvertreter für das Vorhaben zu gewinnen. Neben der Finanzierung war hierbei der Erwerb der nötigen Ländereien ein großes Problem. Die Verhandlungen mit den Grundstückseigentümern zogen sich parallel zu den Bauarbeiten bis nach der Fertigstellung und Inbetriebnahme des Wasserfalls hin. Unter der Leitung von Baurat Specht schufen Bergarbeiter aus Trusetal einen 3,5 Kilometer langen Kanal. Durch diese Wasserrinne wird der Truse ein Teil des Wassers entnommen und in Richtung der Felswand geleitet. Hier, wo die vulkanischen Aktivitäten vor Urzeiten besondere Spuren hinterlassen haben, stürzt der Inhalt der Rinne auf 58 Meter imposant zu Tal. Das Wasser landet in einem Sammelbecken und wird dem natürlichen Lauf der Truse wieder zugeführt.

Herzog Bernhard konnte die feierliche Eröffnung am 28. April 1865 nicht mehr erleben, er verstarb rund drei Jahre zuvor. Beim Vergleich hätte er festgestellt, dass der Trusetaler Wasserfall in Bezug auf den Höhenunterschied den Vergleich mit dem großen Bruder an der amerikanisch-kanadischen Grenze nicht scheuen muss. Bei der Breite oder der Wassermenge pro Sekunde allerdings haben die Niagarafälle die Nase vorn.

Die Trusetaler fanden schnell Gefallen an ihrem neuen Ausflugsziel, an schönen Tagen war der Andrang entsprechend. Dennoch war dessen Zukunft mehrmals bedroht. Nach dem Ersten Weltkrieg bestanden Pläne, das Gefälle des Wasserfalls wirtschaftlich zu nutzen und ein Kraftwerk zu errichten. Der Eingriff hätte jedoch enorme Veränderungen in der Landschaft des gesamten Trusetals nach sich gezogen, letztlich verschwand der Antrag wieder in der Schublade. Ende der 1950er Jahre beantragte der Leiter der nahen Eisenerzaufbereitungsanlage die Nutzung des dem Wasserfall zufließenden Wassers zur Sicherung der Produktion des Betriebes. Mutige Vertreter des Gemeinderates kippten den Antrag, welcher ebenfalls das Ende des Wasserfalls als Sehenswürdigkeit bedeutet hätte.

So sprudelt weiterhin der Wasserfall jedes Jahr von Ostern bis Oktober. Lediglich im Herbst 1964 hatte man vergessen, die Anlage rechtzeitig abzustellen. Eine Frostperiode ließ das Wasser gefrieren, das Eis hat erhebliche Schäden an der Felswand angerichtet. Bei den notwendigen Sanierungsarbeiten holte man die alten Baupläne aus dem Archiv und stellte durch Zufall fest, dass das »Hundertjährige« unmittelbar bevorstand. Das zu diesem Anlass ausgerichtete Volksfest wird seither jährlich begangen. Herzog Bernhard hätte sicher seine Freude daran.

Empfehlenswert ist es, den Rundwanderweg zu nutzen. An über 200 Stufen kann man an der Seite trockenen Fußes den Wasserfall emporklettern. Folgt man dem ausgeschilderten Weg, so erhält man quasi einen Blick hinter die Kulissen des Bauwerks und hat nebenbei noch Gelegenheit, den einen oder anderen reizvollen Ausblick zu genießen.

Kobersfelsen

Leben am Stein

Burgk

5 In der Gegend um Schloss Burgk kennt fast jeder die traurige Liebesgeschichte aus alter Zeit. Der Legende nach soll vor vielen hundert Jahren einer der Herren auf Schloss Burgk hoch über dem Saaletal eine bildhübsche Tochter gehabt haben. Elisabeth, wie die junge Prinzessin hieß, verliebte sich unsterblich in einen Ritter namens Kober. Wohl aus Sorge, der Auserwählte genüge den Ansprüchen ihres Vaters nicht, wagte es Elisabeth nicht, sich öffentlich zu der Liebe zu bekennen. Doch die Schöne griff zu einer List und verkündete, sie wolle jenen zum Ehemann erwählen, welcher es wagt, die Saale von dem hohen Felsen aus mit seinem Ross zu überspringen. Ritter Kober war der Einzige, der den Mut aufbrachte. Er schaffte den Sprung, doch sein Pferd brach zusammen und stürzte auf ihn. In Elisabeths Armen soll er, so

Der Stau der Saale schuf eine neue Landschaft am Fluss.

Märchenhaft gelegen: Schloss Burgk

heißt es, verstorben sein. Die Prinzessin verbrachte daraufhin den Rest ihres Lebens im Kloster zum Heiligen Kreuz. Dort können wir allerdings die Legende nicht auf ihren Wahrheitsgehalt untersuchen, denn die letzten elf Nonnen verließen vor fünf Jahrhunderten das Kloster infolge der Ereignisse der Reformation. Die Ruinen, kaum mehr als ein paar verwunschene Mauerreste, befinden sich versteckt hinter Gebäuden im Saalburg-Ebersdorfer Ortsteil Kloster. In einer Ausgabe der Zeitschrift »Oberland« von 1925 ist dem Kloster ein Beitrag gewidmet. Demnach verständigten sich am Beginn des 14. Jahrhunderts die Bischöfe von Mainz und Naumburg mit den Vögten und Herren von Gera und Schleiz, Heinrich dem Jüngeren und dem Älteren auf die Errichtung eines Nonnenklosters. »Es solle«, so wird in der Zeitschrift berichtet, »den unversorgten Edelfräuleins aus dem preußischen Adel, besonders des Oberlandes, zum Asyl dienen«. Gut möglich also, dass jene Elisabeth seinerzeit mit den anderen Nonnen, in weiße Gewänder gehüllt, betend und arbeitend ihre Jahre verbracht hat. Die Ordensschwestern befolgten streng die Regeln der Zisterzienser, die ein Leben in Kargheit vorsahen. Im Gegensatz zum verfallenen

Blick von der Schlossterrasse

Abenteuer pur – am Fels entlang

Kloster ist der Ort der Kindheit der Prinzessin jedoch noch in voller Pracht vorhanden. Schloss Burgk bietet heute gute Gelegenheit, sich von der fürstlichen Wohn- und Alltagskultur vergangener Zeiten ein Bild zu machen. Im Jahr 1403 erbaut, ersetzte der an strategisch günstiger Stelle gelegene Bau eine zuvor abgerissene Burg.

Doch zurück zum Kobersfelsen. Das rund sechs Hektar große Gebilde ist geologisch typisch für das Thüringer Schiefergebirge. Auf einem Weg am östlichen Ufer der Saale lässt sich der Felsen hautnah erwandern. Zum Fluss hin fällt die Wand praktisch senkrecht ab. Auf rund 150 Metern Länge wurde daher ein Hängesteg angebracht, auf dem man etwa drei Meter über der Wasseroberfläche des heutigen Stausees Burgkammer laufen kann. Bereits 1989 wurde das Gebiet unmittelbar am Felsen unter Naturschutz gestellt. Hier finden seltene Tiere und Pflanzen ideale Bedingungen. Der blaue Lattich, ein Korbblütler, liebt den trockenen und relativ warmen Standort. Oder der Kleine Eisvogel, eine für Laien relativ unscheinbare, aber bedrohte Schmetterlingsart, ist hier ansässig. Auffälliger, aber nicht weniger schutzbedürftig ist der Russische Bär. Aber keine Angst bei

Entschleunigung am Stausee Burgkhammer

der nächsten Wanderung – hierbei handelt es sich um einen auch Spanische Fliege genannten Schmetterling aus der Familie der Eulenfalter. Erkennbar sind die Tiere mit rund fünf Zentimetern Flügelspannweite an den blauschwarz-weiß-gestreiften Flügeln und dem orangenen Hinterteil mit drei bis vier schwarzen Flecken. Selten zu Gesicht bekommt der durchschnittliche Wanderer das Große Mausohr. Die sieben bis acht Zentimeter lange Fledermausart mit einer Flügelspannweite von 35 bis 43 Zentimetern hat hier einen der wenigen Orte gefunden, wo sie sich uneingeschränkt wohlfühlt.

Es lohnt also, einmal bewusster die Tier- und Pflanzenwelt zu betrachten, einen vorsichtigen Blick in die Felsspalten, in die Schluchten oder an die Hänge zu werfen. Ein entsprechendes Nachschlagewerk kann bei der Bestimmung hilfreich sein, Geduld und Muße sollte man schon mitbringen. Ritter Kober hatte damals dafür keine Affinität.

Drachenschlucht

Der legendäre Kampfschauplatz

Eisenach

6 »Wenn man durch das Marienthal bei Eisenach der Straße entlang und hinauf wandelt, die schon seit langen Zeiten der gehauene Stein heißt, darum dass Felsen gesprengt und gehauen werden mussten, um hier sicheren Weg zu bahnen, so führt ein schmaler Pfad zur linken am Anfang des gehauenen Steins durch einen engen Gang in eine geräumige und melancholischdüstre Felsengrotte, in deren Mitte hohe Bäume emporgewachsen sind, deren Blätterdach dem Tageslicht den Eingang wehrt. Im Hintergrunde rauscht ein Bächlein von dem moosüberwachsenen Gestein und seine sprühenden Tropfen

Hier wird's eng: die Drachenschlucht

Oben: grün, unten: Wasser, an den Seiten: Fels

mehren die Kühle im schaurigen Felsengrund.« Mit dieser lebhaften Schilderung des Schauplatzes leitet der Schriftsteller und Märchensammler Ludwig Bechstein die Sage von der Landgrafenschlucht ein. Nachzulesen ist die Geschichte im Kapitel 29 des 1835 erschienenen Buches »Der Sagenschatz und die Sagenkreise des Thüringerlandes – Band 1«. Dort wird von Friedrich dem Freidigen berichtet, der aufgrund eines Augenblicks, in dem er als Kind in einem emotionsgeladenen Moment die Zähne seiner Mutter an seiner Wange spürte, Friedrich der Gebissene genannt wurde. Die Zeiten waren geprägt von anhaltenden kriegerischen Auseinandersetzungen und Erbstreitigkeiten. Sein Vater Albrecht II. der Entartete bevorzugte für die Erbfolge Friedrichs Halbbruder. Friedrich, davon wenig begeistert, verbarg sich mit 15 Getreuen in eben jener Felsenklamm. Bald darauf eroberten die 16 die Wartburg und vertrieben den alten Herrn. Laut Bechsteins Text war das Volk zunächst wenig begeistert von dem personellen Wechsel auf der Burg hoch über Eisenach. Die Landgrafenschlucht hat ihren Namen bis heute behalten. Zusammen mit der benachbarten Drachenschlucht steht das Gelände unter Naturschutz.

Schwester der Drachenschlucht: die Landgrafenschlucht

Auch zur Drachenschlucht existiert eine Sage, die den Namen erklärt. Hier soll sich der legendäre Kampf des Heiligen Georg mit eben jenem Drachen zugetragen haben. Georg, über dessen Leben wenig Konkretes überliefert ist, wollte nicht länger mitansehen, wie jener gierige Lindwurm nach immer neuen Jungfrauen als Opfer verlangte. Georg forderte das Ungeheuer zum Kampf heraus. Die Auseinandersetzung, bei der der Drache sein blutiges Ende fand, soll sich hier zwischen den aufragenden Felsformationen zugetragen haben. Die Eisenacher jedenfalls scheinen größtenteils überzeugt von der Glaubhaftigkeit der Geschichte und setzten dem Drachentöter gleich mehrere Denkmale. Eines davon stellt den Helden als eine der Figuren des Marktbrunnens dar. Zudem wurde eine Kirche nach dem Heiligen Georg benannt.

Ein Rundgang durch Drachen- und Landgrafenschlucht lohnt auch in unseren Tagen. Wie bereits erwähnt, steht das Gebiet zwischen der Wartburg und Hohen Sonne (einem dem Verfall preisgegebenen ehemaligen Jagdschloss) unter Naturschutz. Die Felsen – der Geologe spricht von wechselnden Konglomeraten und Schiefertonen

Wanderwege zwischen Naturgewalten

des Oberrotliegenden – sind besonders in dem wassernahen Bereichen mit Moos und Flechten überwachsen. Für Fachleute und Laien gleichermaßen interessant sind natürlich die teils bizarren Formen des Gesteins. Hervorzuheben wären die Elfengrotte oder die Eliashöhle. In den Wäldern dominieren Buchenbestände in Gesellschaft von Waldmeister oder von Hainsimsen, einer Säure liebenden Grasart. Mit der touristischen Erschließung des Gebietes wurde erst vor rund 200 Jahren begonnen. Heute verfügt das Gebiet an der B19 südlich des Stadtgebietes über gute Parkmöglichkeiten. Beschilderungen führen den Wanderer zu den schönsten Plätzen. Die an ihrer engsten Stelle gerade mal 68 Zentimeter breite Drachenschlucht lässt sich bequem auf über den Bachlauf gelegten Kunststoffrosten durchwandern. An wenigen Tagen, nach besonders intensiven Niederschlägen und entsprechend hohen Wasserständen im Bach, bleibt der Weg durch die Klamm geschlossen. Der Besuch des Naturdenkmals ist somit in doppelter Hinsicht ein sicheres Erlebnis. Einerseits bleibt uns ein mühevolles Steigen zwischen den Steinen des Bachs erspart, andererseits wurden in den letzten Jahrhunderten keine weiteren Drachen gesehen.

Dreienbrunnenpark

Das Quellentrio

Erfurt

7 In Erfurt mangelt es nicht an schönen Parks und gepflegten Grünflächen. Im Gebiet um die Stadt hatte man seit jeher ein besonderes Verhältnis zur Landschaftsgestaltung und zur Kultivierung von Pflanzen. Bereits im Mittelalter baute man in der Gegend Waid an. Die Waidpflanze wurde genutzt, um Textilien blau zu färben. Der Anbau sowie Erfahrungen mit dem relativ komplizierten Färbeverfahren verhalfen der Stadt damals zu beträchtlichem Wohlstand. Doch nichts währt ewig. Durch die Entwicklung der Seefahrt kam im 16. Jahrhundert Indigo auf den europäischen Markt. Die vor allem in Amerika angebaute Pflanze verdrängte den Waid zunehmend. Doch in Erfurt fand man bald neue Nutzung für die fruchtbaren Böden. Im 18. Jahrhundert begann in größerem Rahmen der gewerbsmäßige Gartenbau. Die ersten Kataloge – damals eher schlichte Zettel – offerierten Blumen- und Gemüsesamen. Nicht wenige Erfurter entdeckten damals ihren »Grünen Daumen« und gründeten einschlägige Betriebe zur Herstellung von Saatgut, aber auch zur Pflanzen- und Kakteenzucht. Mitte des 19. Jahrhunderts gab es in der Stadt bereits erste Gartenausstellungen. Zudem entstanden eine Reihe von Parks, einer davon an der inzwischen als Stadtbefestigung bedeutungslos gewordenen Cyriaksburg. Im Jahr 1950 – die Erfurter hatten noch die Schrecken des Zweiten Weltkrieges vor Augen – war das Gebiet um die Cyriaksburg Schauplatz einer Gartenschau unter dem Motto »Erfurt blüht«. Bei den Bürgern der grauen, kriegszerstörten Stadt fand das Blütenmeer in der schmucken Parklandschaft begeisterten Anklang, man beschloss eine Neuauflage in ähnlicher Form. Das Konzept wurde in der DDR-Ära fortgeführt und weiterentwickelt, aus der bescheidenen Nachkriegs-Blumenschau hat sich der heutige ega-Park entwickelt. Vorläufiger Höhepunkt der Erfolgsstory: Erfurt steht als Schauplatz der BUGA 2021 im Rampenlicht – für ein Jahr zumindest.

Drei Quellen an einem Ort: Erkennen Sie einen hydrologischen Unterschied?

Neben dem ega-Park verfügt die Stadt über eine Vielzahl größerer und kleinerer Parkanlagen. Eine davon befindet sich südwestlich des Stadtzentrums in den Niederungen des Flüsschens Gera. Das ehemals sumpfige Gebiet des heutigen Dreienbrunnenparks wurde von den Erfurtern bereits im ausgehenden Mittelalter urbar gemacht und später in einen Lustgarten gewandelt. Der heutige Park basiert im Wesentlichen auf den Umgestaltungen an der Schwelle zum 20. Jahrhundert. Auf verschlungenen Wegen lässt sich nach wie vor unter mächtigen, schattenspendenden Bäumen flanieren. Besonders bemerkenswert, wenn auch etwas bescheiden wirkend: die drei namensgebenden Brunnen. Mitte des 19. Jahrhunderts wurden die Quellen eingefasst, aus der steinernen Wand ragen nebeneinander die Rohre, aus denen Wasser plätschert. Das Besondere hierbei: Es handelt sich tatsächlich um drei separate Quellen. Die drei Brunnen befinden sich in einer Senke unterhalb des Grundwasserspiegels, überlagert von einer Erdschicht mit höherer Dichte. Dadurch entsteht ein Überdruck, welcher das Wasser zutage schießen lässt. Aufgrund dieser geologischen Bedingungen sind diese sogenannten Artesischen Brunnen nur in bestimmten Regionen zu finden. Artesische Brunnen

Weise Worte für besondere Orte

sind in der Regel weniger stark von Niederschlagsmengen abhängig und sprudeln selbst in Trockenzeiten. Steffen Raßloff hat die Geschichte recherchiert und berichtet in der »Thüringer Allgemeinen« vom 6. Juli 2013, wie der Park zu seinem zweiten Namen »Luisenpark« kam. Demnach besuchte Königin Luise 1803 das im Vorjahr von Kurmainz an Preußen gelangte Erfurt mit ihrem Gatten König Friedrich Wilhelm III. im Rahmen einer – so die korrekte Bezeichnung – Erbhuldigungsreise. Die damals 27-jährige, als sehr attraktiv geltende Monarchin tat sich schwer mit den höfischen Ritualen, war als eher unbekümmert und lebensfroh bekannt, zeigte sich aber dennoch als treue und duldsame Frau. Luise, Mutter des späteren Kaisers Wilhelm I., faszinierte bei ihrem Besuch die Erfurter mit ihrem natürlichen Wesen. Von arglosem Naturell, zwangen sie die schwierigen politischen Verhältnisse – Napoleon besiegte bald darauf Preußen – zu Duldsamkeit und Leid. Luise starb mit nur 34 Jahren, ihre Person wurde in den folgenden Jahren mystisch verklärt. Bald darauf benannte man den Park mit den drei Quellen nach ihr. Ob die junge Frau jemals Gelegenheit fand, an den drei Quellen zu stehen, ist nicht bekannt.

Erfurter Seen

Zurück zur Natur

Erfurt

8 Die Gelehrten philosophieren seit dem Altertum, ob das Wirken des Menschen die Natur verändert oder Teil davon ist. Fakt ist, beinahe alles, was sich die Menschheit in ihrer Geschichte zur Verbesserung ihrer Lebensumstände erdacht, entwickelt oder angeeignet hat, hat ihren Ursprung in der Umwelt des Menschen oder hat zumindest Einfluss darauf. Auch die Erfurter Seen wären ohne den Einfluss des Menschen in dieser Form nicht vorhanden.

Das Tal der Gera nördlich der Landeshauptstadt erhielt seine heutige Grundform vor Jahrmillionen während des Pleistozäns. Wissenschaftler halten es für erwiesen, dass damals das heute an dieser Stelle harmlos wirkende Flüsschen Gera vor allem während der jährlichen Schneeschmelze zum reißenden Strom werden konnte. Man muss bedenken, dass damals deutlich kältere Durchschnittstemperaturen herrschten und die Niederschlagsmengen in manchen Jahrtausenden nicht mit denen von heute vergleichbar sind. Ein paar Eisschollen, die festsaßen, bewirkten schnell einen Anstieg des Wasserspiegels und – langfristig betrachtet – die Ausformung des Tals. Die Kaltzeiten, die langen strengen Frostperioden, ließen das Gestein zu Kies zerbrechen, die Kraft des Wassers rundete in jahrtausendewährender, unermüdlicher Arbeit die scharfkantigen Bruchstücke zu runden Kiessanden. Geologische Details können Interessierte in einer unveröffentlichten Diplomarbeit über die ingenieurgeologischen Verhältnisse im Stadtgebiet von Erfurt nachlesen (Autor: F. Putschkus, ein Auszug befindet sich auf www.erfurter-seen.de/content/entstehung-kieslager.htm).

Die wirtschaftliche Bedeutung der Kiesvorkommen war nicht zu leugnen. Der Abbau der Lagerstätten erlebte in der zweiten Hälfte des 20. Jahrhunderts seine Blüte. Sozusagen bereit zum Ausgraben präsentierte sich der begehrte Grundstoff für die Bauwirtschaft vor den

Der Schwerborner See

Toren Erfurts. Rund ein Dutzend größerer Kiesgruben entstand so auf einem Talabschnitt von etwa neun Kilometern Länge. Nach Ende des Abbaus wurden die Löcher nicht wieder zugeschüttet, sondern einfach mit Grundwasser gefüllt. Der Prozess dauert noch an. Während an einigen Stellen die Kiesgewinnung noch in vollem Gange ist, befinden sich andere Seen bereits im Endzustand. Die Gesamtwasserfläche aller Seen soll nach Umsetzung des gesamten Entwicklungsplanes rund 500 Hektar betragen, gut zwei Drittel davon sind bereits realisiert. Während zum Beispiel der Mossendorfer See und der Küchensee bislang nur auf den Zeichnungen und in den Köpfen der Projektanten existieren, befindet sich der Alperstedter See bereits fest in der Hand der Segler, Surfer, Taucher und Badegäste. Und selbst hier, auf dem mit 65 Hektar größten der Erfurter Seen, ist die Renaturierung des nördlichen Ufers noch nicht abgeschlossen. Ein »seebegleitender Grünzug«, so die Fachbezeichnung, an Teilen des Gewässers bietet Lebensraum für Tiere und Pflanzen. An anderer Stelle des »Lago di Alpi« bietet ein Campingplatz Lebensraum für den Menschen.

Lebensraum für Fauna und Flora

Nicht alle der Seen sind für die Nutzung als Freizeitgewässer vorgesehen. Der Sulzer See zum Beispiel, bislang noch nicht im geplanten Endzustand, soll unter Schutz gestellt werden. Die Kommunale Arbeitsgemeinschaft Erfurter Seen schreibt auf ihrer Homepage, dass für weite Bereiche eine »weitestmöglich ungestörte naturschutzflächige Entwicklung« vorgesehen ist. Soll heißen: Hier ist der Mensch Zaungast und darf sich allenfalls respektvoll auf den Rad- und Wanderwegen bewegen.

Bereits seit Jahren fertig sind der Ebersee und der Seerosenteich. So wie hier oder ähnlich könnte es im gesamten Gebiet einmal aussehen, wenn die letzten LKW mit Kies vom Gelände gefahren und die Bagger verschwunden sind. Dann teilen sich erholungssuchende Menschen das Revier mit bedrohten Tierarten wie Kreuzkröte, Flussregenpfeifer, Steinschmätzer und Uferschwalbe. Badestrände und Bootsanlegestellen, aber auch Schilfgürtel und Auwälder – die Erfurter Seen zeigen, dass beides nebeneinander möglich ist. Oder, wie Goethe am 15. Mai 1822 im Gespräch mit Kanzler Friedrich von Müller sagte: »Wohl ist alles in der Natur Wechsel, aber hinter dem Wechselnden ruht ein Ewiges«.

Lutherstein

Ein Gewitter verändert die Welt

Erfurt

9 Martin Luther, der große Reformator, hatte wirtschaftlich gesehen keine schlechte Kindheit. Sein Vater Hans entstammte einer wohlhabenden Bauernfamilie. Jedoch erbte er nach geltendem Recht nicht die Nachfolge auf dem Familiengut. Mit genügend finanziellen Mitteln ausgestattet, versuchte er sein Glück im damals im Mansfelder Land boomenden Kupferbergbau. Zunächst ging Hans mit seiner Frau nach Eisleben. Dort wurde Sohn Martin geboren. Später zog er weiter nach Mansfeld und fand dort Beschäftigung. Durch die hilfreichen Kontakte des Onkels seiner Frau stieg Hans zum Hüttenbesitzer und Ratsherrn auf. Martin besuchte – damals nicht selbstverständlich – ab dem siebten Lebensjahr für sechs Jahre die Trivialschule, um dort Kenntnisse im Lesen, Schreiben, Rechnen und in Latein zu erhalten. Anschließend ging er für ein Jahr an die Domschule Magdeburg sowie für drei Jahre an die Pfarrschule Eisenach. In Eisenach erweiterte Martin seine Lateinkenntnisse. Im Jahr 1501 begann Martin sein Studium an der Universität in Erfurt. Damals war es üblich, an der »Artistenfakultät« zunächst akademische Grundkenntnisse vermittelt zu bekommen. Nach vier Jahren, im Frühjahr 1505, hatte Martin Luther seinen Magister Artium in der Tasche. Ab Mai 1505 besuchte er erste Vorträge der Juristenschule. Vater Hans hätte es gern gesehen, dass sein Sohn eine juristische Laufbahn einschlägt. Das Hüttenwesen befand sich seinerzeit im Umbruch, neue Technologien führten zu wirtschaftlichen Verwerfungen, rechtlichen Unsicherheiten und Streitigkeiten. Nicht wenige als ehrbar geltende Gewerbetreibende wurden durch juristische Winkelzüge und Wucherkredite mit einem Schlag ruiniert. Aus diesen Erfahrungen resultierte möglicherweise auch das kritische Verhältnis, das Luther später gegenüber dem kaufmännischen Gewinnstreben einnahm.

Einst Ort eines Unwetters, heute Ziel für Touristen

Im Sommer desselben Jahres machte sich der 21-jährige Martin auf den Weg, um seine Familie in Mansfeld zu besuchen. Auf dem Rückweg am 2. Juli 1505 geriet er kurz vor Erfurt, seinem Ziel, in ein heftiges Gewitter. »Ich bin durch einen Blitzstrahl bei Stotternheim derart erschüttert worden, dass ich gerufen haben will: ›Hilf du heilige Anna, ich will ein Mönch werden!‹ Nachher reute mich das Gelübde und viele rieten mir ab. Ich aber beharrte darauf und am Tage vor Alexius lud ich die besten Freunde zum Abschied ein, damit sie mich am morgigen Tag ins Kloster geleiten. Als sie mich aber zurückhalten wollten, sprach ich: ›Heute seht ihr mich zum letzten Mal‹. Da gaben sie mir unter Tränen das Geleite. Auch mein Vater war sehr zornig über das Gelübde, doch ich beharrte bei meinem Entschluss«, lesen wir in seinen »Tischgesprächen«, herausgegeben unter anderem 1912 in Weimar von Johann Karl Friedrich Knaake.

Am folgenden Tag, dem 17. Juli 1505, stand Martin Luther vor den Toren des Erfurter Augustinerklosters und bat um Aufnahme. Nach knapp zwei Jahren erfolgte seine Priesterweihe im Erfurter Dom. Später studierte er Theologie in Wittenberg. Der Rest ist hinreichend bekannt, die Geschichte nahm ihren Lauf. Eine Spaltung der Kirche war

Der Gedenkstein mit dem historischen Gelöbnis

zunächst nicht vorgesehen. Luther nahm Dinge der kirchlichen Praxis als Fehlentwicklungen war, wollte diese »reformieren«, also der lateinischen Bedeutung des Wortes folgend wiederherstellen oder erneuern. Er betrachtete den damals üblichen Ablasshandel, also – vereinfacht gesagt – das Freikaufen von Sünden, als Geschäftsmodell der Kirche. »Warum baut der reiche Papst nicht wenigstens den Petersdom von seinem Geld?«, fragt Luther in der 86. seiner 95 Thesen.

Das weltgeschichtlich bedeutsame Gewitter soll sich in Stotternheim ereignet haben. Der heute rund 3500 Einwohner zählende Ort wurde erst 1994 nach Erfurt eingemeindet. Zum 400. Jahrestag des legendären Wittenberger Thesenanschlags erfolgte auf Initiative einer Erfurter Geschäftsfrau die Aufstellung des Gedenksteins. Das Monument aus schwedischem Granit befindet sich am mutmaßlichen Ort des Gewitters. Die feierliche Einweihung fand am 4. November 1917, also mitten im Ersten Weltkrieg, statt. In den letzten Jahren wurde der Ort zunehmend ein Reiseziel für Christen. Das Areal wurde erweitert und gleicht heute einem Park. Bemerkenswert: Auch an eine Schutzhütte haben die Planer gedacht. Es könnte ja wieder ein Gewitter aufziehen …

Weinberg auf dem Petersberg

Eine 1000-jährige Tradition

Erfurt

10 Naturdenkmale müssen nicht zwangsläufig einsam und abgeschieden liegen. Mitten in der Landeshauptstadt befindet sich ein Fleckchen Erde, welches einerseits ein Stück Kulturgeschichte darstellt, andererseits aber auch einfach ein Ort im Grünen ist, der zum Verweilen einlädt. Die Rede ist vom Weinberg an den Hängen des Petersbergs – gleichwohl ein Symbol für die Geschichte der Stadt.

Der Petersberg, 231 Meter über Meereshöhe gelegen, wurde schon vor Jahrtausenden von Menschen besiedelt. Bei der ersten nachweisbaren Erwähnung im Jahr 742 in einem Brief des Missionserzbischofs Bonifatius muss Erfurt bereits eine größere Siedlung gewesen sein. Archäologen haben Spuren aus der Steinzeit gefunden, später siedelten die Kelten hier. Dennoch gilt der Brief heute als Gründungsurkunde Erfurts. Bonifatius hielt es für geboten, die als heidnisch

Blick vom Petersberg auf die Stadt

geltende Bevölkerung der Siedlung zu bekehren. Auf seine Initiative kam es zur Gründung des Bistums Erfurt. Bonifatius machte Karriere, wurde Bischof von Mainz und fusionierte daraufhin das Erzbistum Erfurt mit seinem Herrschaftsbereich. Auf dem Petersberg entstand mit hoher Wahrscheinlichkeit eine Königspfalz mit einer geistlichen Siedlung. Im Jahr 1060 wandelte der damalige Mainzer Erzbischof diesen geistlichen Kollegialstift in ein Benediktinerkloster um. Die Mönche lebten nach den Regeln ihres Ordensgründers Benedikt von Nursia. Daneben begannen sie mit der Anlage eines Weinberges. Der erste Nachweis darüber ist in einer Urkunde aus dem 12. Jahrhundert zu finden. Das Kloster bestand – von einer kurzen Unterbrechung während des Dreißigjährigen Krieges abgesehen – bis zum Beginn des 19. Jahrhunderts.

Etwa Mitte des 15. Jahrhunderts erkannte man das militärische Potential des Petersbergs. In den folgenden Jahrhunderten wurden die Befestigungsanlagen in mehreren Abschnitten erweitert und perfektioniert. Im Jahr 1665 begann der Bau der Zitadelle. Der Bauherr, Kurfürst und Erzbischof Johann Philipp von Schönborn, sah in der

Historischer Ort für Weinanbau

Maßnahme nach den Ereignissen des Dreißigjährigen Krieges einen Schritt zur Festigung seiner Macht. Diesem Bau fielen große Teile des Weinberges zum Opfer, viele Rebstöcke wurden gerodet. Auch in der Folgezeit wurde das Gelände mehrfach zugunsten der militärischen Nutzung erweitert. Die letzten Rebstöcke verschwanden schließlich während des Ersten Weltkrieges. Nach Gründung der DDR zogen die Kasernierte Volkspolizei (eine Vorläuferorganisation der Nationalen Volksarmee der DDR) sowie eine regionale Untereinheit des Ministeriums für Staatssicherheit auf den Petersberg. Mark Escherich und Ulrich Wieler beschreiben in »Planen und Bauen in Thüringen 1945 bis 1990 – Architektur in der SBZ und der DDR«, herausgegeben von der Landeszentrale für politische Bildung, die seinerzeit geplanten baulichen Veränderungen auf dem Petersberg. Demnach sollten in Erfurt wie in anderen Großstädten der DDR »Sozialistische Dominanten« errichtet werden. Für den Petersberg war ein »Turm der Wissenschaft« und eine Stadthalle vorgesehen. Die historische Bausubstanz wäre dann weitgehend abgerissen worden. Geldmangel und politische Entscheidungen ließen die Pläne in der Schublade verschwinden, die Beseitigung des Wohnungsmangels hatte Vorrang.

Gegenwärtig befinden sich unter anderem einige Behörden in den Gebäuden auf dem Petersberg. Die erhaltenen Reste der Peterskirche bieten Raum für Ausstellungen. Für die Flächen auf den Hängen besann man sich nach der politischen Wende auf die traditionelle Nutzung. Engagierte Bürger fanden sich zusammen, planten die Wiederbelebung des Weinbaus. Das Know-How lieferten Winzer aus Bechtheim in Rheinhessen, es entstand eine Art Weinpatenschaft. Die Bewirtschaftung erfolgt durch die Erfurter Weinzuft e.V. Auf den 2300 Quadratmetern des Mini-Weinberges stehen rund 540 Rebstöcke. Die alljährliche Weinlese gleicht einem Volksfest. Jedes Jahr werden etwa 1000 Flaschen Wein erzeugt und unter dem Namen »Benedictus« verkauft – ganz in Anknüpfung an eine 1000-jährige Tradition.

Menhir von Ettersburg

Rätselhafter Steinblock

Ettersburg

11 Der Ettersberg erhebt sich nordwestlich von Weimar bis auf 481 Meter Meereshöhe aus dem sonst eher flachen Umland. Der Höhenzug mit seinen ausgedehnten Waldflächen zeigt sich dabei sehr kontrastreich. Am bekanntesten dürfte dabei die dunkle, grausame Seite des Ettersberges sein. Blicken wir zurück ins Jahr 1937, ein unberechenbarer, größenwahnsinniger Diktator versetzt Deutschland, später Europa und die Welt in Angst und Schrecken. Seine wahnwitzigen Ideen führen die Menschheit in ihre bis dahin dunkelste Ära. Hitler maßt sich an, Menschen als lebenswert und nicht lebenswert zu klassifizieren, er plant die systematische Ausrottung ganzer Bevölkerungsgruppen.

Nicht wenige Helfer, denen Karriere wichtiger als ihr Gewissen war, unterstützten ihn bei der Umsetzung dieser irrwitzigen Vorhaben. So

Auf dem Ettersberg

Schöne Landschaft mit grausamer Geschichte

bauten im Nordwesten des Ettersberges Zwangsarbeiter, bewacht von bewaffneten SS-Leuten, unter unmenschlichen Bedingungen im Angesicht des eigenen Todes eines der größten Konzentrationslager auf deutschem Boden, das KZ Buchenwald. An Unterernährung, gezielter Tötung, Folter und »medizinischen« Versuchen starben auf dem Gelände Menschen, deren Zahl in etwa der heutigen Einwohnerzahl Weimars entspricht, also ca. 65 000. Nach dem Krieg führten die sowjetischen Besatzer das Lager fünf Jahre lang fort. Täter aus dem NS-Umfeld, aber auch offen den Kommunismus kritisierende oder denunzierte Menschen wurden inhaftiert, es dürfte nochmals um die 7000 Todesopfer gegeben haben. Die Geschichte lässt sich nicht leugnen, eine Ausstellung auf dem Gelände macht betroffen.

Kaum drei Kilometer Luftlinie entfernt offenbart der Ettersberg eine ganz andere, weitaus glanzvollere Seite. Herzog Wilhelm Ernst von Sachsen-Weimar liebte, wie viele Vertreter seines Standes, die Jagd. Der Ettersberg, unmittelbar vor den Toren der Residenzstadt, stellte sein bevorzugtes Revier dar. Ein Jagdschloss sollte entstehen, die Bauarbeiten begannen 1706 auf den Grundmauern eines alten Klosters. Die nachfolgenden Herzöge erweiterten den einst relativ

Geworfen und liegen gelassen: der Menhir von Ettersburg

schlichten Zweckbau, bauten um und fügten neue Gebäude und den englischen Landschaftspark hinzu. Anna Amalia, die kunstsinnige Herzogin, nutzte das Schloss als Sommersitz. Johann Wolfgang Goethe, Johann Gottfried Herder und Christoph Martin Wieland waren zu Gast, es wurden Zeitfragen debattiert, es wurde philosophiert, aber auch Theater gespielt und musiziert. Bald sprach man vom »Musenhof Weimars«. Heute beherbergt Schloss Ettersberg, schmuck saniert, ein Tagungshotel.

Weniger bekannt sein dürfte eine weitere Seite des Ettersberges. Ein paar Meter vom Schloss entfernt, im Park der Kirche, wird es rätselhaft und mystisch. Etwas unscheinbar, gern als Sitzbank genutzt, finden wir einen knapp zwei Meter langen, liegenden flachen Stein. Es handelt sich hierbei um einen Menhir. Menhire sind im Durchschnitt bis zu drei Meter groß. Die größten Exemplare bringen es sogar auf etwa acht Meter Höhe. Besonders häufig finden sich Menhire oder Hinkelsteine im Gebiet des heutigen Frankreich, die Verbreitung erstreckt sich allerdings über das gesamte Westeuropa. Asterix-Kenner sind natürlich mit der ironischen Verarbeitung der Thematik im Comic vertraut. Die genauen Hintergründe der kultisch verehrten,

Oder wurde er zuerst geworfen? Der Menhir von Buttelstedt

üblicherweise aufrechtstehenden Steine aus der Jungsteinzeit sind nicht erforscht. Brigitte Schulze-Thulin deutet in ihrem 2011 im Mitteldeutschen Verlag erschienenen Buch »Großsteingräber und Menhire Sachsen, Sachsen-Anhalt und Thüringen« Parallelen zwischen Aufstellungsort und möglicher Funktion an. Der Menhir von Ettersburg stand lange Zeit am Kirchhof, könnte einst als Gerichts- oder Richtstätte gedient haben. Später musste er einem Kriegerdenkmal weichen und wurde hierher verbracht. Weniger rational erklärt eine Sage das Phänomen. Demnach soll ein Riese einst um Ettersburg Rasen gemäht haben. Da seine Sense stumpf war, bat er seinen Kollegen in Buttelstedt um seinen Wetzstein. Doch der Buttelstedter Riese verfügte offenbar über wenig Wurftalent und der Stein landete dort, wo wir ihn heute finden. In Buttelstedt befindet sich übrigens ein weiterer Menhir. Dieser, rund sieben Kilometer Luftlinie entfernt, war zu DDR-Zeiten mit weißer Farbe angestrichen und verfügt über eine reparierte, gut erkennbare Bruchstelle. Seinen Platz hat er am Rande der Straße von Buttelstedt nach Kölleda gefunden. Übrigens erzählt man die Sage vom Buttelstedter Menhir genau anders herum. Rätsel bleiben also in jeder Hinsicht.

Marienglashöhle

Glanz unter Tage

Friedrichroda

⓬ Manchmal bedarf es eines Zufalls, um eine besondere Naturschönheit zu entdecken. Aufgrund der Berechnungen eines Bergbaubeamten begann man im Jahr 1775 am Fuße des Abtberges bei Friedrichroda mit dem Bau eines Stollens. Man hoffte, auf Kupferschiefer-Lagerstätten zu treffen – allerdings vergebens. Der Beamte, Bergrat Carl Friedrich Baum, und sein Arbeitgeber, der Gothaer Herzog Ernst II., mögen enttäuscht gewesen sein und beschlossen, den Stollen zu verpachten. Ein Pächter fand sich bald, immerhin traf man auf Gipslagerstätten. Johann Buschmann, ein aus Friedrichroda stammender Orgelbauer, begann mit dem Abbau des vorhandenen Materials. Er errichtete einen Brennofen und ein Wohnhaus vor Ort, um Stuckgips zu verkaufen.

Chemieunterricht unter Tage: die Marienglashöhle

Schon Goethe war fasziniert.

Von einer Art Goldgräberstimmung in jenen Tagen zu sprechen, dürfte keineswegs übertrieben sein. Bergrat Baum erhielt am 10. Mai 1782 Besuch von keinem Geringeren als dem Staatsminister Johann Wolfgang Goethe aus Weimar. Dieser schrieb später an Charlotte von Stein: » In Friedrichroda fing mich der Bergrat Baum auf. Ich musste zu Tische bleiben und kroch vorher mit ihm in den Eingeweiden der Erde herum und tat mir was Rechtes zu gute. Er ist eine glückliche Art Menschen und ist das Faktotum in einem kleinen, aber sehr mannigfaltigen Kreise, wo er vielerlei wissen, vielerlei tuen und ein Geschick haben muss, sich in allerlei Menschen und Umstände zu schicken. Er versicherte, es ginge nichts über das Vergnügen, ein Bergmann zu sein, und wenn er auch die Gaben hätte und er könnte Minister sein, so würde er es doch ausschlagen.« Dennoch kam Goethes Besuch bei dem allseits beliebten und betriebsamen Bergrat eigentlich zu früh. Pächter Buschmanns Nachfolger trieb, da die Gipserträge zurückgingen, den Stollen weiter in den Berg. Am 15. April 1787 jubelte die Schülerzeitung der drei Jahre zuvor gegründeten Salzmannschule Schnepfenthal: »Viel Freude erregte das wie Edelstein flimmernde

Abbauort einst begehrter Kristalle

Mineralglas überall.« Doch nicht nur die Elite an jener richtungsweisenden Bildungsstätte wurde aufmerksam. Es war eine lokale Sensation. Beim Weiterbau des Stollens entdeckte man einen durch Auslaugungen entstandenen, sieben mal zehn Meter großen und bis zu zehn Meter hohen Hohlraum. Dieser war mit besonderen Gipskristallen ausgekleidet – eben jenem Marienglas. Der Chemiker spricht von wasserhaltigem Calciumsulfat mit der Formel $CaSO_4 \cdot 2\,H_2O$, auch Selenit genannt. Die durchsichtigen Blättchen waren von außergewöhnlicher Reinheit, qualitativ hochwertiger als das damals hergestellte, oft von Bläschen durchsetzte Glas. Man nutzte das in Friedrichroda gefundene Material, um damit Kronleuchter zu verzieren, aber auch als Schmuck für Altäre oder als Glasersatz zum Schutz von Marienbildern – daher der Name. Bis Mitte des 19. Jahrhunderts wurden die Kristalle abgebaut, danach fanden für rund 50 Jahre parallel zum Bergbau erste Führungen statt. Ab 1903 stand die Schauhöhle ausschließlich für Touristen zur Verfügung. Dabei war es durchaus eine Herausforderung, den Stollen für Gäste begehbar zu machen. Probleme bereiteten zu allen Zeiten das eindringende Wasser und die

Beleuchtung. Pumpanlagen hielten die Höhle trocken, doch in wirtschaftlich schwierigen Kriegs- und Nachkriegszeiten des 20. Jahrhunderts fehlte oftmals Geld zur Instandhaltung und Erneuerung. Für das Beleuchtungsproblem fand sich 1929 eine dauerhafte und befriedigende Lösung. Beim Bau der Thüringerwaldbahn zweigte man von der elektrischen Oberleitung der Straßenbahn einfach eine Leitung zur Schauhöhle ab. Seit 1968 ist es ganzjährig und regelmäßig möglich, sich im Rahmen einer Führung von den funkelnden mineralischen Gebilden in der Kristallgrotte faszinieren zu lassen. Bergrat Carl Friedrich Baum wäre sicher zufrieden mit den Folgen seiner Berechnungen.

Unter Fachleuten ist ein etwas kurios anmutender Streit im Gange. Nicht restlos geklärt ist die Frage, ob es sich bei der Marienglashöhle um eine Schauhöhle oder um ein Schaubergwerk handelt. Die Kristallgrotte bildete sich ohne menschliches Zutun, so argumentieren die Befürworter des Begriffes Schauhöhle, für ein Schaubergwerk dagegen spricht die Tatsache, dass alle übrigen Bereiche durch bergmännische Tätigkeit entstanden sind. So oder so – neben den Kristallen ist ein Blick auf den Thüringer Wald von unten in jedem Fall reizvoll. Anhand der Gesteinsverläufe lassen sich die geologischen Vorgänge, die zur Heraushebung des Gebirges geführt haben, nachvollziehen. Werfen Sie einen Blick auf die Mineralhistorie, bevor wir uns am nächsten, gar nicht weit entfernten Naturdenkmal der Geschichte der Lebewesen zuwenden.

Bromacker

»Der erste aufrecht gehende Thüringer«

Georgenthal

⓭ Wissenschaftler verfügen mitunter über eine dem Rest der Menschheit seltsam anmutende Art von Humor. »Der erste aufrecht gehende Thüringer«, eine etwa 20 Zentimeter große Echse, sieht aus wie eine Miniaturausgabe des Tyrannosaurus Rex. Diesen Vergleich lesen wir in der »Frankfurter Allgemeinen Zeitung« vom 28. Juli 2006, als wieder einmal der Bromacker, ein Steinbruch in der Nähe von Georgenthal, in den Fokus der (Fach-)Welt rückt. Anlass des Berichts ist ein gefundener Stein, welcher ein 60 Zentimeter langes, vollständig erhaltenes Skelett einer ebenfalls schon vor Jahrmillionen ausgestorbenen Echse enthalten soll. Der Stein wird in die USA verbracht, die Untersuchungen finden am Carnegie Museum of Natural History in Pittsburgh statt und werden mehrere Jahre in Anspruch nehmen.

Lebensraum von Urzeit-Echsen

Tambachia trogallas

Schwierige Spurensuche im Gestein

Deutsche und amerikanische Wissenschaftler arbeiten seit Jahrzehnten Seite an Seite bei der Untersuchung des Geländes, Wirbeltierspezialisten aus Kanada und der Slowakei beteiligen sich. Im Jahr 1974 entdeckte Thomas Martens die ersten Knochen in dem aufgelassenen Steinbruch. Martens ist Paläontologe, also Vertreter einer Wissenschaft, die sich mit fossilen Spuren längst vergangenen Lebens befasst. Seither fanden jeden Sommer mehrwöchige Grabungen statt, das Gelände, auf dem Fundstücke vermutet werden, hat eine Größe von ein bis zwei Hektar. »In den ersten Jahren«, so erinnert sich Martens, »mussten wir den Abraum mit Muskelkraft und Schubkarre aus der Grabung transportieren. Sommergewitter, kalte Tage mit Regen oder extreme Hitze gestalteten unsere vielfältigen Arbeiten – Ausdauer, Freude am braunen Rotliegendschlamm, regelmäßige Pausen (brake time) und die Thüringer Rostbratwurst begleiteten unsere Aktivitäten.«

Gefunden wurden bislang rund ein Dutzend Arten von Urreptilien, daneben zahlreiche versteinerte Pflanzen und Insekten. Im ersten Halbjahr 1992 reiste Thomas Martens erstmals zu einem sechsmonatigen Forschungsaufenthalt nach Pittsburgh, seitdem, so berichtet er auf seiner Homepage www.ursaurier.de, unterstützen die Amerikaner die Ausgrabung. Auch außerhalb der Fachwelt bekannt geworden ist das »Tambacher Liebespaar«, zwei – man könnte sagen – kuschelnde Seymouria sanjuanensis. Diese Landwirbeltiere haben ihren Namen nach der texanischen Stadt Seymour erhalten und lebten im geologischen Zeitalter des Unterperm, also vor rund 280 Millionen Jahren. Der Begriff »Tambacher Liebespaar« wiederum ist eine Blüte des eingangs erwähnten feinsinnigen Humors der Akademiker und spielt auf das berühmte Gemälde des »Gothaer Liebespaares« an.

Über die Gründe für die Ergiebigkeit der Fundstätte gibt es nur Spekulationen. Die Wissenschaftler gehen davon aus, so berichtet die »FAZ«, dass das Gebiet damals von einer spärlichen Vegetation bedeckt war und von einem Fluss mit stark schwankenden Wasserständen durchquert wurde. Eine Überschwemmung könnte also zum konservierenden Einschluss der den Wassermassen zum Opfer gefallenen Lebewesen geführt haben. Ähnliche Fundstätten gibt es übrigens in Nordamerika, was als Indiz dafür gewertet wird, dass beide Kontinente einst zusammenhingen. Allerdings wurden in den USA zusätzlich Fossilien von Fischen und Amphibien gefunden. Vieles liegt also noch im Dunklen, manches gilt es noch zu erforschen. Knappe Kassen und die ständige Suche nach Unterstützern erschweren die Arbeit zusätzlich.

Ein Besuch des Ausgrabungsgeländes ist regulär nicht möglich. Um die Steinbrüche herum gibt es jedoch einen Lehrpfad mit ein paar Schautafeln. Einige der Fundstücke sind im Gothaer Museum der Natur zu bewundern. Anschaulicher ist dagegen ein 2011 angelegter und rund viereinhalb Kilometer langer Saurierlehrpfad. Etwa 20 lebensgroße Nachbildungen begegnen Spaziergängern auf dieser Tour. Der Weg beginnt am Schlossplatz in Georgenthal und ermöglicht ein »hautnahes« Zusammentreffen mit verschiedenen einschlägigen Sauriern. Erstaunlich übrigens ist die Artenvielfalt, welche damals auf der Erde anzutreffen war. Besonders Menschen, die ausschließlich die Jurassic-Park-Verfilmungen vor Augen haben, kommen nicht umhin, ihr Bild zu korrigieren.

Gänseschnabel und Mönch

Das versteinerte Liebespaar

Harztor Ortsteil Ilfeld

14 Nach Ilfeld, einem der drei Ortsteile der 2012 geschaffenen Gemeinde Harztor, kommen jedes Jahr rund 10 000 Gäste. Die waldreiche Umgebung des Südharzes lädt ein zu erholsamen Wanderungen. Einen weiten Blick übers Land erhält man vom 600 Meter hohen Poppenburg und dem darauf befindlichen »kleinen Eiffelturm«. Innerhalb des 3000-Einwohner-Ortes lohnt das Gebäude am Neanderplatz 4 wegen seiner Geschichte einer genaueren Betrachtung. Einst befand sich auf dem Gelände der heutigen Seniorenpflegeeinrichtung das Kloster Ilfeld.

Unseren Blick in die Geschichte beginnen wir jedoch an der heute nur noch in Resten erhaltenen Ilburg. Jene Ilburg, um 1100 erbaut, wurde bereits nach wenigen Jahrzehnten wieder verlassen. Der letzte Herr der Ilburg mit Namen Aldegar von Ilfeld begründete das Grafengeschlecht von Hohenstein und residierte fortan auf der gleichnamigen, heute in Ruinen erhaltenen Burg in der Nähe von Neustadt im Harz. Elgar II., einer der Grafen von Hohenstein, stiftete das Kloster Ilfeld im Jahr 1189. Beim Bau des Klosters wurden unter anderem Materialien der aufgegebenen Ilburg verwendet. Im 13. Jahrhundert entwickelte sich Kloster Ilfeld zu einem wichtigen Kloster des Prämonstratenserordens. Die heute noch in anderen Orten anzutreffenden Prämonstratenser verstehen sich nicht als Mönche, sondern eher als eine Gemeinschaft von Priestern mit Ordensgelübde. Sie entscheiden sich vereinfacht gesagt für eine asketische Lebensweise, pflegen regelmäßige Gebete und gemeinsame Mahlzeiten.

Im Zuge der Ereignisse des Bauernkrieges wurde das Kloster geplündert und zeitweise von den Aufständigen besetzt. Der letzte Abt trat nach der Reformation zum Protestantismus über und verfügte die Auflösung des Klosters im Jahr 1546, um anschließend in den

Traumblick als Lohn für den Aufstieg

Gebäuden eine evangelische Klosterschule zu gründen. In den folgenden Jahrhunderten genoss die Schule ein hohes Ansehen. Nicht wenige der Absolventen wechselten nach ihrem Abschluss zur Universität Göttingen. Nach dem Zweiten Weltkrieg befand sich in den Gebäuden ein Krankenhaus, aus dem 1993 die Neanderklinik Harzwald GmbH hervorging.

Aus der Zeit, als Kloster Ilfeld noch von Mönchen bewohnt war, erzählt man sich Sagenhaftes. Die Mönche sollen demnach einst nach strengen Regeln gelebt haben. Zu den wichtigsten gehörte das Verbot der Teilnahme an jeglichem weltlichen Leben außerhalb der Klostermauern. Einer der Mönche unterlag jedoch dem Reiz des Verbotenen und schaute durch das Fenster seiner Zelle nach draußen. Gregor, so sein Name, erblickte ein Mädchen. Hübsch an Gestalt, aber ärmlich gekleidet, hütete das junge Geschöpf eine Schar Gänse. Genannt wurde sie im Dorf, so erfuhr er, »Gänseliesel«. Sie hatte ihre Eltern bereits früh verloren und war gezwungen, die Gänse anderer Leute zu hüten, um sich ein bescheidenes Geld zum Überleben zu verdienen. Mönch Gregor tat das Gänseliesel leid, sein Herz war

Der Gänseschnabel wirkt von jeder Seite anders auf den Betrachter.

stärker als die Furcht vor Strafe bei Missachtung der Ordensregeln. So schlich er sich eines Nachts aus dem Kloster, um dem Mädchen Hilfe anzubieten. Die beiden entdeckten Sympathie füreinander, trafen sich regelmäßig und träumten von einer gemeinsamen Zukunft. Eine solche war aber nicht möglich, da Gregor bereits dem Orden Treue geschworen hatte. Im Kloster bekam niemand etwas von den nächtlichen Ausflügen Gregors mit, einem Waldgeist hingegen blieben die Treffen der beiden nicht verborgen. Und jener nicht näher bezeichnete Waldgeist erwartete Gregor eines Tages, als dieser seiner Liesel schon von der anderen Seite des Tals zuwinkte. Rasch mobilisierte der Geist seine Zauberkräfte und verwandelte zuerst Gregor und dann die Gänsehirtin zu Stein. Wer heute von Ilfeld aus entlang der Bere wandert, sieht die beiden Steinernen noch auf jeweils einer Seite des Tals stehen. Die beiden Porphyrfelsen ragen markant aus dem Wald und sind beliebte Fotomotive. Sollte es sich tatsächlich um den Mönch und sein Gänseliesel handeln, bleibt die Frage, was aus den Gänsen geworden ist. Die Sage hat darauf keine Antwort.

Tanzteich am Mühlberg

Das versunkene Ritterschloss

Harztor Ortsteil Niedersachsswerfen

15 Die Gegend um den Ortsteil Niedersachswerfen der Gemeinde Harztor wurde bereits vergleichsweise früh besiedelt. Auf dem Mühlberg, nordwestlich des heute gut 3000 Einwohner zählenden Ortes finden sich in einer durch Steilhänge geschützten Lage Reste einer Wallanlage. Wann genau diese entstand, konnte bislang nicht geklärt werden. Der Höhlenforscher Friedrich Stolberg beschrieb das Vorgefundene ausführlich in seiner 1968 erschienenen Schrift »Befestigungsanlagen im und am Harz von der Frühgeschichte bis zur Neuzeit«. Die Anlage trägt den Namen »Faciusgraben« nach einem angeblich hier begrabenen römischen Feldherrn. Aufgrund des Bauzustandes wird davon ausgegangen, dass die Wallanlage bereits vor ihrer Fertigstellung durch ein Feuer zerstört wurde. Das gleiche Schicksal erfuhr ein ähnliches Bauwerk am nahen Kohnstein. Dessen Reste sind bereits dem Anhydrit-Abbau zum Opfer gefallen. Anhydrit oder Calciumsulfat ist ein in der Baustoffindustrie begehrter Rohstoff. In der Region befinden sich nicht unbeträchtliche Vorkommen, daher sind die Spuren des Abbaus in der Landschaft nicht zu übersehen.

Ein weiteres Zeugnis aus der Geschichte Niedersachswerfens ist der Riesenhaupt, ein auf den ersten Blick wenig eindrucksvoller Erdhügel. Einst soll er Bestandteil einer Motte, eines Typs mittelalterlicher Burg, gewesen sein. Mühevoll aufgeschüttet und von entsprechenden Wallanlagen gesichert, stand auf seinem Gipfel der Wohnturm des Burgherrn. Später, als das Gebäude verschwunden war, nutzte man den Ort um den Hügel als Gerichtsplatz.

Werfen wir jedoch einen genaueren Blick auf den Mühlberg. Am Fuße des 315 Meter hohen Gipsfelsens an der Straße nach Appenrode befindet sich der etwas unscheinbar wirkende Tanzteich. Nüchtern geologisch betrachtet handelt es sich um einen Erdfall. Schichten

Verschlang einst Ritterschlösser: der Tanzteich

des unter der Erde befindlichen Materials wurden durch unterirdische Wasserströme ausgewaschen, es entstanden Hohlräume, die irgendwann einbrachen. Dieses Phänomen beschäftigte die Menschen seit jeher. In einem alten, verstaubten »Sagenbuch des preußischen Staates« von Johann Georg Theodor Grässe aus dem Jahr 1868 finden wir eine Erklärung, wie das Gewässer zu seinem Namen kam: »Auf der Stelle, wo sich später die Wasser des Tanzteiches ausbreiteten, stand in früherer Zeit ein herrliches Ritterschloss. Hier herrschte ein reicher, aber schwelgerischer Ritter und ein Fest jagte bei ihm das andere. Einst ward auch eine derartige Orgie gefeiert und während rings um das Schloss Sturm und Unwetter brauste, Blitze vom Himmel schossen und der Regen an die hellglänzenden Fenster schlug, rauschte in den Sälen lustige Musik, und Becherklang und wüster Gesang übertönte das Grollen des Donners. Da schlich am morschen Stabe ein von der Last der Jahre gebeugter Greis daher, das Unwetter trieb ihn, ein Unterkommen zu suchen.« Der Alte konnte ungehindert ins Schloss eintreten, alle, selbst die Dienerschaft, waren mit den

Feierlichkeiten beschäftigt. Seine Hoffnung auf Hilfe wurde jäh enttäuscht, denn wir lesen weiter: »Leider aber erblickte ihn der Burgherr; voller Ingrimm, dass ein Bettler es wagen könne, hier mitten unter die geputzten Gäste zu treten, stürzte er auf ihn los, packte ihn mit starker Hand, schleppte ihn an ein offenstehendes Fenster und stürzte ihn von da unter dem Gelächter seiner Genossen in die Tiefe hinab, indem er ihm in die Ohren schrie: ›Langsam bist du hereingekommen, schnell sollst du hinauskommen!‹ Aber siehe, plötzlich stand der Bettler von wunderbarem Lichterglanz umflossen vor der Burg und rief mit furchtbarer Stimme: ›Verflucht seid ihr, die ihr den Armen gehöhnt und dem Tode geweiht, verflucht sei diese Stätte mit all ihrer Lust und Üppigkeit und ihr sollt versinken in Nacht und Finsternis!‹ Und siehe, kaum waren die Worte gesprochen, so fuhr ein zischender Blitzstrahl wie eine feurige Schlange herab, ein furchtbarer Donnerschlag folgte, die Erde borst, ein Wasserstrom quoll heraus und das Schloss versank in der Tiefe und ward nicht mehr gesehen.«

Man sagt, wer nachts an der Wasseroberfläche vorbeikommt, soll entsprechende Geräusche vernehmen können, die diese These bestätigen. Vor Jahrhunderten, als die Verlandung des Tanzteiches noch nicht so weit fortgeschritten war, soll es eine seltsame Erscheinung gegeben haben. Immer wenn ein Boot an die Stelle des inzwischen verstopften unterirdischen Abflusses des Teiches kam, soll dieses ins Strudeln – oder eben ins Tanzen – gekommen sein.

Schauriges wird auch aus dem Jahr 1815 berichtet. Einige Leute aus der Umgebung hätten auf der Oberfläche des Gewässers etwas entdeckt, »was Ähnlichkeit mit einem Wasserungeheuer habe«. Daraufhin eingeleitete Suchaktionen blieben allerdings ohne Ergebnis, aber ein aufmerksamer Blick ins Schilf kann sicher auch heute nicht schaden.

Wasserfall an der Scheuche

Die Heimat der Regentrude

Heilbad Heiligenstadt

16 »Einen so heißen Sommer, wie nun vor hundert Jahren hat es seitdem nicht wieder gegeben. Kein Grün fast war zu sehen, zahmes und wildes Getier lag verschmachtet auf den Feldern. Es war an einem Vormittag. Die Dorfstraßen standen leer, was nur konnte, war ins Innerste der Häuser geflüchtet; selbst die Dorfköter hatten sich verkrochen. Nur der dicke Wiesenbauer stand breitspurig in der Toreinfahrt seines stattlichen Hauses und rauchte im Schweiße seines Angesichts aus seinem großen Meerschaumkopf. Dabei schaute er schmunzelnd einem mächtigen Fuder Heu entgegen, dass eben von seinen Knechten auf die Diele gefahren wurde. Er hatte vor Jahren eine bedeutende Fläche sumpfigen Wiesenlandes um geringen Preis erworben und die letzten dürren Jahre, welche auf den Feldern seiner Nachbarn das Gras versengten, hatten ihm die Scheunen mit duftendem Heu und den Kasten mit blanken Kronthalern gefüllt. So stand er auch jetzt und rechnete, was bei den immer steigenden Preisen der Überschuss der Ernte ihm einbringen könnte. ›Sie kriegen alle nichts‹, murmelte er, indem er die Augen mit der Hand beschattete und zwischen den Nachbargehöften hindurch in die flimmernde Ferne schaute; ›es gibt keinen Regen mehr in der Welt‹«. Diese wohl gewählten Worte stehen am Anfang von Theodor Storms Kunstmärchen von der Regentrude, hier zitiert aus einer Ausgabe der gesammelten Werke Storms des Aufbau-Verlages aus dem Jahr 1978. Zu Papier gebracht hat der Dichter das Werk im Winter 1863 während einer längeren Krankheit.

Theodor Storm, geboren 1817, begann bereits als Schüler Gedichte zu schreiben. Nach einem Studium in Kiel eröffnete er in seiner Heimatstadt Husum eine Anwaltskanzlei, pflegte parallel zu seinen beruflichen Aktivitäten regen Kontakt zu Dichtern und Intellektuellen. Selbst während der unruhigen Jahre um 1848 – politische Konflikte

Für Theodor Storm Ort der Inspiration

bestimmten den Alltag – hielt Storm mit seiner Meinung nicht hinter dem Berg und fiel bei den Regierenden schließlich in Ungnade. Er verlor seine Zulassung als Anwalt und verließ Husum. Nach einer ersten, für ihn unbefriedigenden Anstellung in Potsdam ging er nach Heiligenstadt, um am örtlichen Kreisgericht das Amt eines Richters auszuüben. Offenbar gefiel es ihm in der Stadt nicht schlecht, er fand neben seiner beruflichen Tätigkeit unter anderem Zeit, sich dem von ihm gegründeten Gesangsverein zu widmen und zahlreiche Freundschaften zu pflegen. Außerdem erblickten die drei jüngsten seiner sieben Kinder hier das Licht der Welt. Zudem schrieb er einige Novellen und drei Kunstmärchen. Eines davon – die Regentrude – wurde erstmals 1864 in einer Zeitung veröffentlicht. Darin erhält der eingangs vorgestellte Wiesenbauer Besuch von seiner Nachbarin, der etwa gleichaltrigen Mutter Stine. Stines Sohn Andrees und Maren, die Tochter des Wiesenbauern, träumen von einer gemeinsamen Zukunft. Dem gierigen Wiesenbauern ist der fleißige und allseits beliebte Andrees nicht gut – oder besser nicht reich – genug. Andrees Vater hatte das Land einst mit dem Wiesenbauern getauscht und, da die Trockenheit

der folgenden Jahre nicht vorhersehbar war, hatte er diesem dadurch zu einem nicht vorhersehbaren wirtschaftlichen Vorteil verholfen. Mutter Stine erinnert sich an eine alte Geschichte aus ihrer Kindheit. Die Leute erzählten sich damals von der Regentrude, die offenbar eingeschlafen war und mit einem Zauberspruch geweckt werden könnte. Der Wiesenbauer hält derartige Legenden für Unfug und verspricht übermütig, wem es gelänge, »binnen heut und 24 Stunden« Regen zu schaffen, der möge seine Tochter zur Frau bekommen. Das Versprechen ist für Andrees und Maren Ansporn genug, sich auf den Weg zu machen.

Storm bringt seine Botschaft deutlich an den Leser, das Kunstmärchen wurde vollständig von ihm erschaffen, es liegt kein Volksmärchen zugrunde. In der »Regentrude« fällt die klare Rollenverteilung des 19. Jahrhunderts auf. Die starken, aktiv handelnden männlichen Protagonisten einerseits und die defensiven, unterwürfigen weiblichen Figuren andererseits. Zudem finden sich in der Titelfigur Motive von den nordischen vorchristlichen Naturgottheiten. Inspiration zu seiner Dichtung der »Regentrude« soll der Kreisrichter Theodor Storm übrigens bei Aufenthalten am Wasserfall an der Scheuche gefunden haben. Dieser Wasserfall entstand einst aus Hochwasserschutzgründen. Durch den Bau eines Wehres wurde damit das Wasser des nur 13 Kilometer langen Leine-Nebenflusses Geislede reguliert. Heute befindet sich der Wasserfall in dem nach Storms Jahren entstandenen Kurpark, das Wasser stürzt hier an der Stelle effektvoll etwa sieben Meter in die Tiefe.

Überflüssig zu erwähnen ist wohl, dass Andrees und Maren ihr Ziel erreichten und die Regentrude mit ihrem Zauberspruch erwecken konnten. Mutter Stine und der Wiesenbauer begleiteten die jungen Leute versöhnt zu ihrem schönsten Tag, »dann trat der Zug in die Kirche, die Sonne schien wieder, die Orgel aber schwieg und der Priester verrichtete sein Werk«.

Mittelpunkteiche

Die schwierige Suche nach der Mitte

Heilbad Heiligenstadt Ortsteil Flinsberg

17 Nur wenige Besucher von Heilbad Heiligenstadt machen einen Abstecher in den sieben Kilometer östlich des Stadtzentrums gelegenen Ortsteil Flinsberg. Der oberflächliche Betrachter erkennt auch zunächst nichts Außergewöhnliches hier. Gerade einmal 160 Einwohner bevölkern die schmucken Häuschen rings um die Kirche. Scheinbar ist Flinsberg ein Dorf wie tausend andere. An markanter Stelle offenbart sich dann aber doch ein Detail, welches den Ort unterscheidet. Eine Eiche und ein Gedenkstein informieren über

Die zentrale Eiche

den Mittelpunkt Deutschlands, der sich eben genau an dieser Stelle befinden soll. Die Eiche, 1997 gepflanzt, hat bei Weitem noch nicht die Statur erreicht, die man von einem Naturdenkmal erwartet. Und doch strahlt der Ort schon etwas Erhaben-Feierliches aus.

Ein Blick in die Geschichte zeigt: Wenn sich durch ein Ereignis die Grenzen eines Landes verändern, bricht bei Geografen nicht selten eine Art Goldgräberstimmung aus, bietet sich doch bei Korrekturen an der Fläche des Staatsgebietes die Gelegenheit, sich durch die Berechnung der neu entstandenen Mitte zu profilieren. Zudem verspricht die Tätigkeit offenbar eine gewisse Abwechslung im sonst für Außenstehende etwas trocken wirkenden Berufsalltag der Geografen.

Jens Levenhagen von der Universität Bonn wurde durch eine Fachzeitschrift auf das Problem aufmerksam und wollte einen Beitrag zur Lösung leisten. Sein Ansatz war, dass der Mittelpunkt eines Staatsgebietes zu in regelmäßigen Abständen festgelegten Punkten auf der Staatsgrenze in der Summe die kürzeste Entfernung haben sollte. Am 25. Juni 1991 stellte er mit Flinsberg das Ergebnis seiner Berechnungen vor. Das Problem: Levenhagen war weder der Erste noch der Einzige, der eine entsprechende Arbeit vorlegte. Am 20. Oktober 1990 feierte sich bereits Niederdorla in der Nähe von Mühlhausen als Mittelpunkt Deutschlands. Etwa 30 Kilometer südöstlich von Flinsberg gelegen, erinnert dort ebenfalls ein Gedenkstein an diesen Fakt. Dazu pflanzte man eine Kaiserlinde. Die Berechnungen, die zur Kür des 1300-Einwohner-Ortes Niederdorla führten, stammen von dem Dresdener Karl Heinz Finger. Dieser hatte bereits im Jahr 1974 für die damals populäre TV-Sendung »Außenseiter Spitzenreiter« das Fläming-Städtchen Bad Belzig südlich von Berlin als zentralen Punkt der DDR ermittelt. Einen gewissen Stolz, Mittelpunkt Deutschlands zu sein, kann man auch in Niederdorla nicht verleugnen. Der Platz um das Denkmal ist gepflegt und lädt zum Verweilen ein. Zur Festlegung griff der Wissenschaftler aus Dresden hier auf die äußersten Koordinaten in jede Himmelsrichtung. Auf deren Grundlage wurde mittels einiger geometrischer Linien die Mitte ermittelt.

Gedenkstein mit geografischen Details

Die Suche nach der Mitte ist keine Erfindung der Gegenwart. Bei Wikipedia werden in einer »Liste geografischer Mittelpunkte« die Ergebnisse weltweit aufgezählt. Darunter finden sich eine Reihe historischer Ergebnisse. So schmückte sich das brandenburgische Städtchen Spremberg von 1871 bis 1918 mit dem Titel »Mittelpunkt des Deutschen Reiches«. Nach dem Zweiten Weltkrieg musste sich die Alt-Bundesrepublik nach dem Beitritt des Saarlandes 1957 eine neue Mitte errechnen – und kam auf zwei Ergebnisse. Schuld daran waren auch hier die unterschiedlichen Berechnungsmethoden, von denen jede ihre Vor- und Nachteile hat. Die Entfernung zur Staatsgrenze hat ihre Tücken in den festgelegten Punkten. Je nach Lage und genauer Anzahl der Punkte variiert das Ergebnis leicht. Bei den Extremkoordinaten bleibt die Frage: verbindet man den äußersten Nord- und Süd- sowie den Ost- und Westpunkt direkt oder zeichnet man anhand der Koordinaten ein Rechteck, um dann den Schnittpunkt der Diagonalen als Mitte zu definieren. Eine völlig andere Methode besteht in der Festlegung des Schwerpunktes. Dabei wird Deutschland aus einer Landkarte mit seinen exakten Umrissen ausgesägt und dann auf einer Nadel ausbalanciert. Jetzt bleibt noch die Frage zu klären,

Einladung zur Rast in der Mitte des Landes

ob die dem Staatsgebiet zugehörige Zwölfmeilenzone vor den Küsten mitgerechnet werden soll. Und was geschieht mit den Inseln? Wie legt man die Grenze im Bodensee fest, wo gemäß dem politischen Willen keine exakte Grenzfestlegung getroffen wurde? Balanciert man lediglich die Landfläche aus, bleibt die Karte in der Schwebe, wenn die Nadel auf Landsberg, einem Ortsteil von Eisenach, ruht. Eisenach? Die Wartburg als »Mittelpunkt der Herzen« wäre eine sympathische Lösung.

Zum Weiterlesen empfiehlt sich der Artikel von Christian Hanewinkel vom Leipziger Leibnitz-Institut für Länderkunde, online verfügbar unter http://aktuell.nationalatlas.de/mittelpunkte-7_07-2012-0-html/ oder ein Besuch der Homepage www.mittelpunkt-deutschlands.de von Torsten Städtler und Sven Heinemann.

Bei Wikipedia werden in der erwähnten Liste acht Mittelpunkte Deutschlands nach unterschiedlichen Kriterien definiert, fünf davon befinden sich in Thüringen. Bleibt die Frage: Warum kam bislang noch niemand auf die Idee, einen Mittelpunkt aus diesen acht Mittelpunkten zu errechnen? Platz für einen Gedenkstein und eine Eiche ist dort bestimmt noch.

Kickelhahn

»Über allen Gipfeln«

Ilmenau

18 Er ist mit seinen 861 Metern zwar nicht die höchste Erhebung des Thüringer Waldes, für viele gehört der Hausberg der Stadt Ilmenau jedoch zu den absoluten Lieblingsplätzen. Auch Goethe fühlte sich hier wohl und fand Erholung von seinem Alltag als Minister am Hof in Weimar. Sicher hätte er gern mehr Zeit für die Kunst gehabt, doch war er wohl insgesamt zufrieden mit den schicksalhaften Fügungen, die ihn einst an die Ilm geführt hatten.

Herzog Karl August von Sachsen-Weimar-Eisenach verlor seinen Vater schon in seinen ersten Lebensmonaten. Er stand bis zu seinem 18. Geburtstag unter Vormundschaft seiner Mutter, der Herzogin Anna Amalia. Anna Amalia, selbst kunstsinnig und belesen, legte großen Wert auf die umfassende Bildung und Erziehung des angehenden

Diese Perspektive blieb Goethe verborgen.

Der Blick beflügelte Goethes Fantasie.

Herzogs und seines jüngeren Bruders. Sie schickte ihn unter anderem auf eine mehrmonatige Bildungsreise nach Frankreich. Auf dem Rückweg machte der etwa 17-jährige Karl August Station in Frankfurt am Main, um auf Goethe zu treffen. Johann Wolfgang Goethe genoss zu dieser Zeit bereits eine gewisse Bekanntheit, sein Drama »Götz von Berlichingen« erlebte 1774 seine Uraufführung und sein »Werther« sorgte für Gesprächsstoff. Karl August lud Goethe nach Weimar ein, der Dichter kam am 7. November 1775 in der Stadt an und tauschte den halbherzig in der eigenen kleinen Kanzlei ausgeführten Anwaltsberuf gegen eine Anstellung als Minister. Bald darauf stieg der »Geheime Legationsrat« zum Mitglied des »geheimen Consiliums«, einem dreiköpfigen Beraterstab des Herzogs, auf. Ein halbes Jahr nach Beginn seiner Tätigkeit am Hofe schickte ihn der Herzog erstmals nach Ilmenau. »Ein armes Gebirgsstädtchen von 1.500 Seelen, aber man dachte bei diesem Namen nicht so sehr an die Seelen und die paar Straßen im Ort, sondern an weite Wälder, blaue

Am Hermannstein

Höhen und grüne Wiesentäler, man dachte an verlassene, verkommene, geheimnisvolle Bergwerke, die dem tatkräftig Wagenden große Reichtümer versprachen«, beschrieb Wilhelm Bode treffend in seiner 1925 erschienenen Biografie »Goethes Leben« die damalige Situation. Goethe sollte sich um die marode Stadtkasse kümmern sowie den Bergbau wiederbeleben. Zwar gelang es ihm, die finanzielle Situation der Stadt zu verbessern, doch seine Bemühungen, die verfallenen Bergwerke auf Vordermann zu bringen, waren immer wieder von Rückschlägen gezeichnet. In einer Unterredung am 16. März 1824, abgedruckt in »Goethes Gespräche« (hrsg. von Woldemar Freiherr von Biedermann, Leipzig 1889–1896), soll Goethe resümiert haben: »Ilmenau hat mir viel Zeit, Mühe und Geld gekostet, dabei habe ich aber auch etwas dabei gelernt und mir eine Anschauung der Natur erworben, die ich um keinen Preis umtauschen möchte.«

Experten haben errechnet, dass Goethe insgesamt 28 Mal in Ilmenau gewesen ist, zusammengerechnet soll er sich 220 Tage in der Stadt

Auf dem 861-Meter-Gipfel

Wertvolle Details für Wandere

aufgehalten haben. »Anmutiges Tal! Du immergrüner Hain! / Mein Herz begrüßt euch wieder auf das beste; / Entfaltet mir die schwerbehangenen Äste, / Nehmt freundlich mich in eure Schatten ein, / Erquickt von euren Höhn, am Tag der Lieb und Lust / Mit frischer Luft und Balsam meine Brust. / Wie kehrt ich, oft mit wechselndem Geschicke, / Erhabner Berg! An deinen Fuß zurücke.«, diese Worte aus dem »Ilmenau«-Gedicht schenkte Goethe dem Herzog zu seinem 26. Geburtstag.

Auf dem Hermannstein im Schatten des Kickelhahn soll der Dichter Teile seiner »Iphigenie« zu Papier gebracht haben. Der etwa 20 Meter hohe Porphyrfelsen mit der vermutlich von Menschenhand geschaffenen Höhle hat Goethe immer wieder angezogen. Hierher hat er Charlotte von Stein geführt, um mit ihr die Faszination des Ausblicks zu teilen. Hier griff Goethe zum Zeichenstift, um die »dampfenden Täler bei Ilmenau« abzubilden. Heutige Besucher haben es wesentlich einfacher dorthin zu gelangen, der Hermannstein ist mittlerweile über Stufen komfortabel zu erreichen.

Leider nur als Nachbau vorhanden: das Goethehäuschen

An anderer Stelle, wenige Meter vom erst nach dem Tod des Dichters mit einem Turm bebauten Gipfel des Kickelhahns entfernt, treffen wir auf den Nachbau des Goethehäuschens. Das Original brannte 1870 ab, als Beerensammler unachtsam im Umgang mit Feuer waren, konnte aber anhand von Fotografien rekonstruiert werden. Am 6. September 1780 hatte Goethe hier einen seiner kreativen Momente. Papier war nicht zur Hand, so ließ er seinen Bleistift über die Bretter des Häuschens gleiten: »Über allen Gipfeln / ist Ruh', / In allen Wipfeln / Spürest Du / kaum einen Hauch; / Die Vöglein schweigen im Walde. / Warte nur! Balde / ruhest du auch.« Viele Jahre später als Greis betrat er den Ort erneut. Seine eigenen Worte machten ihn traurig, er drängte, sich seiner baldigen Ruhe bewusst, den Ort zu verlassen.

Bismarckeiche

Hölzernes Denkmal für den Eisernen Kanzler

Jena

⓳ Die Zeiten ändern sich. Zugegeben, die Stileiche an der Ecke Sellierstraße/Ernst-Haeckel-Straße hat sich mittlerweile zu einem stattlichen Naturdenkmal gemausert. Doch der Autoverkehr, der sich rund um die Insel des Kreisverkehrs seinen Weg bahnt, hat eher etwas Alltägliches und relativiert die einst dem Ort zugedachte Erinnerungswürdigkeit. Gepflanzt wurde der Baum am 1. April 1885, genau an jenem Tag, als der differenziert zu betrachtende Staatsmann Otto Eduard Leopold von Bismarck-Schönhausen seinen 70. Geburtstag beging. Bismarck polarisiert wie kaum ein Zweiter, die offizielle Bewertung seiner Leistung änderte sich zudem im Laufe der Jahrzehnte – je nach der aktuellen politischen Kultur.

Nach seiner Schulzeit studierte der 1815 in Schönhausen an der Elbe geborene Bismarck in Göttingen Rechtswissenschaft und leistete als Einjährig-Freiwilliger seinen Wehrdienst ab. Im Alter von 24 Jahren wandte er sich auf einem der Familiengüter der Landwirtschaft zu. Mit 30 war er Mitglied des Provinzlandtags Preußen, vertrat in dieser Funktion eher konservative Ansichten und setzte sich für die Interessen der Junker und Grundbesitzer ein. Später widmete er sich ausschließlich der politischen Arbeit. Nach der gescheiterten Revolution von 1848 und seiner Wahl als Abgeordneter in die zweite Kammer des preußischen Landtags zog er mit seiner Familie nach Berlin. Bismarck, der später als maßgeblich für die Gründung des Deutschen Reichs in die Geschichte einging, sah zunächst die Interessen Preußens im Vordergrund. 1851 wurde Bismarck preußischer Gesandter im Frankfurter Gesandtenkongress der Mitglieder des Deutschen Bundes. Seine Initiativen um den Ausbau der Vormachtstellung Preußens

Eine Eiche mit Geschichte

brachten die europäische Staatenordnung jener Zeit ins Wanken, gipfelten aber schließlich 1862 in seiner Wahl zum preußischen Ministerpräsidenten. »Nicht durch Reden und Majoritätsbeschlüsse werden die großen Fragen unserer Zeit entschieden, sondern durch Eisen und Blut.« Dieses legendäre Zitat aus einer Parlamentsrede vom 30. September 1862 stellt seine Entschlossenheit heraus. Bismarck ließ durchblicken, dass er selbst vor gewaltsamen Methoden zur Durchsetzung seiner Politik nicht zurückschrecken würde. Nach der Proklamation des Kaisers am 18. Januar 1871 im Spiegelsaal von Versailles behielt er die Fäden der Macht als Reichskanzler in der Hand. Die direkten und indirekten Folgen seiner außenpolitischen Bündnispolitik sind hinreichend bekannt. Innenpolitisch versuchte er die Gegner zunächst mit ein paar taktischen Maßnahmen zu bekämpfen. »Mein Gedanke war, die arbeitenden Klassen zu gewinnen, oder soll ich sagen zu bestechen, den Staat als soziale Einrichtung anzusehen, die ihretwillen besteht und für ihr Wohl sorgen möchte.« Einerseits sah er in den Sozialdemokraten eine »revolutionäre Bedrohung« und beabsichtigte deren politische Arbeit durch den Erlass entsprechender Gesetze zu unterbinden. Andererseits versuchte er, deren Anhänger durch eine gezielte Sozialpolitik für sich zu gewinnen. Darüber hinaus sah er die Katholiken, die Kritik an seiner Wahl äußerten, als seine Feinde und erließ einige Gesetze zur Begrenzung ihres Einflusses. Bismarcks Ära neigte sich dem Ende zu, als Kaiser Wilhelm II. an die Spitze des Reiches trat. Die Differenzen zwischen Kaiser und Reichskanzler zeigten sich bald als unüberbrückbar. Mit der Unterschrift auf dem Rücktrittsgesuch vom 18. März 1890 endete die politische Karriere des mittlerweile 75-Jährigen. »Es ist ein Glück, dass wir ihn los sind. Er war eigentlich nur noch Gewohnheitsregente, tat was er wollte und forderte immer mehr Devotion. Seine Größe lag hinter ihm«, wird Theodor Fontane zitiert, nachzulesen in Volker Ullrichs 1998 in vierter Auflage bei Rowohlt erschienenen Bismarck-Biografie.

Dennoch wurde Bismarck bald nach seinem Rücktritt Objekt einer Verehrung für nicht Wenige. Als Grund dafür mögen manche im »Eisernen Kanzler« ein Gegengewicht zum volksfernen und durch Rituale geprägten höfischen Leben von Kaiser Wilhelm II. gesehen haben – Fakt ist, die von den Bürgern ausgehende Denkmal-Bauwelle hat auch Jena erreicht. 1909 wurde auf dem Malakoff hoch über der Stadt der Bismarckturm eingeweiht. Die Bismarckeiche, Naturdenkmal und Zeitzeuge, steht jedoch fast unbeachtet in der Mitte des Kreisverkehrs.

Mönchsberg

Streifzug durch die Prärie

Jena

20 Filmproduzenten, die die Absicht haben, einen Western zu drehen, sollten unserem nächsten Naturdenkmal besondere Aufmerksamkeit schenken. Immerhin könnten sie hier ein Set für die Außenaufnahmen finden und so die Reisekosten nach Amerika oder in die Winnetou-Landschaft nach Kroatien sparen. Die Natur auf dem 399 Meter hohen Mönchsberg erinnert in der Tat etwas an die nordamerikanische Prärie, befindet sich jedoch in der Nähe des Jenaer Stadtteils Göschwitz. Und da wir in Europa und nicht in Hollywood sind, ist hier nicht mit plötzlich auftauchenden Indianern zu rechnen. Allenfalls stören gelegentlich ein paar Wanderer die friedliche Stille. Gewandert wird hier gern, der Mönchsberg, der heute im Wesentlichen aus einer Hochfläche besteht, ist seit 2007 Bestandteil des insgesamt knapp 600 Hektar großen Naturschutzgebietes Leutratal und Cospoth.

Ein renaturierter Steinbruch: der Mönchsberg

Westernkulisse in Thüringen

Dass im Leutratal seltene Orchideen wachsen, erkannte man schon in den 1930er Jahren. Beim Bau der Autobahn hatte man damals die Pflanzen einfach ausgegraben und in respektvoller Entfernung von der Betonpiste neu eingepflanzt.

Die Zeiten ändern sich, ein paar Meter Distanz genügen den heutigen Anforderungen an den Artenschutz nicht mehr. Immerhin wurden im Leutratal rund die Hälfte der in Deutschland beheimateten Orchideenarten nachgewiesen. Schäden durch den Zweitaktmotorenverkehr der DDR sowie die prognostizierte zunehmende Verkehrsdichte haben schließlich zur nicht unumstrittenen Neutrassierung der A4 mit dem das Leutratal unterquerenden Tunnel geführt. Autofahrer denken mit Schrecken an die Staus während der gefühlt endlosen Bauphase.

Ebenfalls in dieser Zeit wurden dem Naturschutzgebiet Flächen um den Cospoth und den Mönchsberg hinzugefügt. Bis ins 19. Jahrhundert hinein war der Mönchsberg ein Berg, der vom Äußeren den Bergen in der Umgebung glich – abgesehen von dem hier vorzufindenden Kalkstein. Dass sich der Kalkstein vom Mönchsberg

Seltsam, aber erklärbar: Steinkreise

hervorragend für die Beton- und Zementproduktion eignet, erkannte der Ingenieur Godhard Prüssing. Am 22. Dezember 1885 gründete er die »Sächsisch-Thüringische-Portland-Cement-Fabrik Prüssing & Co.« im damals noch eigenständigen Jenaer Ortsteil Göschwitz und begann mit dem Abbau. Eine weitsichtige Entscheidung, denn das Unternehmen florierte und wurde bald Stammsitz des überregional tätigen Prüssing-Konzerns. Der aus dem hiesigen Kalkstein gewonnene Zement fand Verwendung in manchem der in den 1930er Jahren geschaffenen Autobahnkilometer, aber auch beispielsweise in der Staumauer der Hohenwartetalsperre, der Rügendammbrücke oder der Olympischen Brücke in Berlin. Nach dem Zweiten Weltkrieg bis 1967 betrieben die DDR-Planwirtschaftler den Kalksteinabbau im mittlerweile verstaatlichten Werk in Göschwitz. Das geförderte Material wurde mit einer Seilbahn talwärts zur Weiterverarbeitung transportiert. Später nutzte die der vormilitärischen Ausbildung der DDR-Jugend dienende »Gesellschaft für Sport und Technik« das Gelände zu Schießübungen. Nach der Wiedervereinigung lagerten für einige Jahre ausgediente Autos auf der Industriebrache.

Einen Blick wert ist die vielfältige Pflanzenwelt.

Inzwischen wurde das Gelände renaturiert. Die Gebäude wurden abgerissen, über die Spuren der Geschichte ist buchstäblich Gras (und ein paar Kiefern) gewachsen. Das Areal mit seinen besonderen Bodenverhältnissen – unter anderem wurden hier zeitweise Abfälle aus der Glasproduktion abgelagert – bietet Lebensraum für zahlreiche Tier- und Pflanzenarten. Dieser Tatsache widmet die Zeitschrift »Landschaftspflege und Naturschutz in Thüringen«, herausgegeben von der Landesanstalt für Umwelt und Geologie, einen großen Teil des zweiten Heftes des Jahrgangs 2011. Neben der bereits erwähnten Orchideen-Vielfalt haben, so lesen wir in dem Artikel, 19 Schnecken-, 82 Webspinnen-, 20 Heuschrecken- und 273 Großschmetterlingsarten hier ihre Heimat gefunden. Zwölf gefährdete Pflanzenarten und 30 gefährdete Arten wirbelloser Lebewesen wurden durch die Wissenschaftler nachgewiesen. Grund genug, um als Spaziergänger einen respektvollen Blick auf die Artenvielfalt zu werfen. Bisher nicht nachgewiesen wurden dagegen Außerirdische, die Steinkreise entstanden nicht auf unerklärliche Art und Weise, sondern sind das Werk von Waldorfschülern aus Jena.

Windknollen

Franzosen in Thüringen

Jena

21 Vom Windknollen hat man einen wunderbaren Blick über die Umgebung. Der 363 Meter hohe Berg ist nicht bewaldet, auch hier hat sich – ähnlich wie auf dem Mönchsberg – eine der nordamerikanischen Prärie ähnliche Landschaft entwickelt. Wegen der seltenen Tier- und Pflanzenwelt stehen auch hier größere Flächen unter Naturschutz. Der subkontinentale Halbtrockenrasen mit den kleinen feuchten Senken dazwischen ist schließlich für Thüringen kein alltägliches Biotop. Einige seltene Orchideen-Arten blühen an diesem Ort. Turmfalken, Rotmilane und Habichte wurden hier gesichtet, zudem genießen Reptilien und Wasserinsekten die relative Stille.

Es gab Zeiten, da war es alles andere als still hier. Am Abend des 13. Oktober 1806 blickte Napoleon Bonaparte vom höchsten Punkt des Windknollens in die Ferne, durchdachte die Strategie für die

Wanderziel mit Geschichte

Einst strategisch günstiges Schlachtfeld …

bevorstehende Schlacht. Der Feldherr, damals 37 Jahre alt und erfolgsverwöhnt, dürfte durchaus zuversichtlich gewesen sein. Er hielt die gegnerische Truppe bereits vor dem Angriff für zahlenmäßig unterlegen, rechnete aufgrund gesammelter Erfahrungen mit einer unentschlossenen und zögerlichen Reaktionen der Befehlshaber der sächsisch-preußischen Armeeeinheiten.

Napoleon, so erfahren wir in Volker Ullrichs 2004 bei Rowohlt in Reinbek erschienenen Biografie, wurde 1769 auf Korsika geboren, also zu einer Zeit, zu der sich die Insel im Streben um Freiheit und Unabhängigkeit befand. Prägend für ihn war, dass seine Eltern aktiv am Kampf teilnahmen – zunächst gegen die Besatzer aus Genua und später gegen die Franzosen. Zwölf Geschwister hatte Napoleon, seinen Namen bekam er übrigens zu Ehren eines während der Kampfhandlungen gefallenen Onkels. Im Alter von nur zehn Jahren begann er an einer Kadettenschule seine militärische Laufbahn, mit 16 schloss er seine Offiziersausbildung ab. Der Vater, ein Jurist, starb früh, so oblag dem jungen Napoleon eine gewisse Verantwortung

… heute Aussichtspunkt

für seine Familie. In der Revolution von 1789 sah Napoleon eine Chance für die Autonomie Korsikas. Später ging er nach Paris, dort war sein geschicktes Taktieren mit den jeweils Mächtigen seiner militärischen Karriere förderlich. Eroberungszüge folgten, er und sein Heer konnten Siege in Italien, auf Malta und in Ägypten erzielen. Ein paar Jahre später schreckte er vor einem Staatsstreich nicht zurück, um seine politische Position auszubauen. Nach weiteren Jahren hob er sich in Anwesenheit des Papstes die Kaiserkrone aufs Haupt. Internationale Konflikte blieben nicht aus. Eine von taktischen Erwägungen bestimmte Heiratspolitik sollte helfen, seinen Einfluss zu sichern. Manches jüngere weibliche Mitglied der weit verzweigten Familie heiratete in ein europäisches Adelshaus ein. Geschickte Bündnisse und siegreiche Schlachten führten den korsischen Eroberer von Erfolg zu Erfolg, das Gebiet, welches von seinen Truppen unter Kontrolle gebracht wurde, wuchs rasch. Die Wende kam bekanntlich 1812, als Napoleon an der Eroberung Russlands scheiterte. Pikanterweise hatte das Land allein durch seine unendliche Weite, sein raues Klima

Ein Platz, an dem Tausende starben

und seine unterentwickelte Infrastruktur einen beträchtlichen Anteil daran. Napoleon und seine Truppen waren auf die geografischen Gegebenheiten einfach nicht vorbereitet. So wurde der Russlandfeldzug zum Anfang vom Ende der Karriere des Korsen.

Doch blicken wir zurück auf für Napoleon ruhmreichere Tage. Die in den nebligen Morgenstunden des 14. Oktober 1806 auf dem Windknollen beginnende Schlacht endete siegreich für die napoleonischen Truppen. Nicht vergessen sollte man, dass auf beiden Seiten mehrere tausend Soldaten den Kampfhandlungen zum Opfer fielen. Das Ereignis ging als »Schlacht von Jena und Auerstedt« in die Geschichtsbücher ein, die Ereignisse um das rund 15 Kilometer nördlich gelegene Dörfchen Auerstedt fanden zeitgleich statt. Ein Gedenkstein auf dem Windknollen erinnert an die Gefechte. Selbst in Paris bleibt das Gedenken an die Schlacht lebendig. Eine auf der Höhe des Eiffelturms gelegene Seine-Brücke trägt noch heute den Namen »Pont d'Iéna«. Den Bau der rund 155 Meter langen Flussüberquerung hatte Napoleon nach der siegreichen Schlacht persönlich angeordnet.

Hexenlinde

Recht und Willkür

Kaltennordheim Ortsteil Klings

22 Auf den ersten Blick ist Klings mit seinen gut 400 Einwohnern ein ganz normales Dorf in der Rhön. Ein hervorragend ausgebautes Wandernetz lädt Gäste ein, die Gegend mit ihren sanften Hügeln zu erkunden. Im Dorf selbst pflegt man Geselligkeit, zahlreiche Feste und Veranstaltungen schaffen Höhepunkte im ländlichen Alltag. Es lebt sich ruhig hier – manche würden meinen: zu ruhig. Die »Thüringer Allgemeine« kürte das Dorf im September 2010 zum entlegensten Ort Thüringens. Etwa 50 Minuten benötigt man bis zur nächsten Autobahn oder in die nächstgrößere Stadt Fulda. In die Landeshauptstadt sind es gar zweieinhalb Stunden. Während der deutschen Teilung war der Ort aufgrund seiner Grenznähe praktisch isoliert. Zu allem Überfluss wurde 2003 noch die Bahnstrecke, die das nahe Kaltennordheim mit den Bahnhöfen der Welt verband, stillgelegt.

Die erste Erwähnung von Klings findet sich in einer Urkunde aus dem Jahr 869, erste Siedlungsspuren reichen sogar zurück bis in die Bronzezeit vor 3000 Jahren. Auch unser Naturdenkmal soll schon auf 300 Jahre zurückblicken. Es handelt sich um eine holländische Linde, von den Einheimischen »Hexenlinde« genannt. Der stattliche Baum befindet sich auf einer Anhöhe außerhalb des Ortes. Er thront in 646,8 Meter Meereshöhe direkt an der Landesgrenze Thüringen/Hessen. Gar Schreckliches soll sich hier einst zugetragen haben. Darüber berichtet der Salzunger Sagenforscher, Mundartdichter und Maler Christian Ludwig Wucke in seinem 1864 erschienenen Buch mit dem etwas sperrigen Titel »Sagen der mittleren Werra, der angrenzenden Abhänge des Thüringer Waldes, der Vorder- und der hinteren Rhön sowie der fränkischen Saale«. Demnach hatte sich ein Musikant einst in der Walpurgisnacht in der Gegend verirrt. Ein Jäger bot ihm an, ihn zurück zur »breiten Linde« zu führen, von dort sei es einfacher, sich zu orientieren. »Zum höchsten Erstaunen des Musikanten«, so lesen wir, »trafen sie aber allda auf eine lustige Gesellschaft, die, wie es schien, den feinen Jäger aber längst erwartet hatte, denn sie thaten gleich recht bekannt mit ihm, und er machte es ebenso, reichte auch dem Musikanten eine prächtige Clarinette, dazu eine Hand voll harter Thaler, und er bat ihn, der Gesellschaft eins aufzuspielen«. Das Fest nahm seinen Lauf, es wurde getanzt und gelacht. Als der Tag zu grauen begann, entließen sie den Musikanten mit einer Tasche voller Geld und der Klarinette als Geschenk. Dieser war müde, ging nach Hause und schlief bald ein. Als er erwachte, sah er sofort nach dem Geld und dem Instrument. Doch statt der Klarinette fand er einen alten Knochen und statt der Münzen nur wertlose Scherben. So musste er erkennen: Er hatte den Hexen unter der breiten Linde zum Tanz aufgespielt.

Die Verfolgung vermeintlicher Hexen war in der Tat ein Thema im Ort. Die einschlägigen Quellen nennen unterschiedliche Zahlen, es mögen im gesamten »Heiligen Römischen Reich deutscher Nation« um die 40 000 Verbrennungen von der Hexerei bezichtigten Frauen stattgefunden haben. Etwa die Hälfte der europäischen Scheiterhaufen brannte in deutschen Städten und Dörfern. In der Rhön hatte man nicht unwesentlichen Anteil an den Zahlen, die entsprechenden Aktivitäten dürften über dem Durchschnitt gelegen haben. Über die Gründe kann man nur spekulieren. Die Menschen waren verunsichert in jenen Jahren. Naturkatastrophen traten gehäuft auf, führten zu schlechten Ernten und Hungersnöten. Die Pest zog übers Land, führte über mehrere

Infos vor Ort

Der beschauliche Rastplatz war einst Ort grausamer Gerichtsbarkeit.

Jahrhunderte hinweg zu massenhaftem Sterben. Dazu kamen die Schrecken und Verwüstungen des Dreißigjährigen Krieges. Ludwig Bechstein berichtet in seinem Buch »Schlimme Hexengeschichten« in dem Text »in optima forma« über einen Prozess gegen Katherina Dietmar aus dem Jahr 1664, verwendet dazu Akten des »Großherzoglichen Amtsarchiv Kaltennordheim«. Der Fall der jungen Frau darf durchaus als typisch angesehen werden, die Beschuldigungen waren fingiert, die Zeugenaussagen wurden im Sinne des vorgesehenen Urteils interpretiert. Das Buch erschien zuletzt 1992 im Insel-Verlag.

Die Zeiten waren grausam, damals legale Foltermethoden führten zu Geständnissen, die erzwungen waren. Willkürliche Denunziationen waren an der Tagesordnung, unschuldige Leben wurden zerstört. Die Hexenlinde ist ein guter Ort, der Opfer zu gedenken. Darüber hinaus sollten wir den Musikanten aus der Walpurgisnacht nicht vergessen, während wir die Aussicht genießen.

Unstrutquelle

Von den Höhen des Eichsfeldes

Kefferhausen

23 Quellen haben etwas Magisches. Besonders wenn es sich um den Ursprung größerer Flüsse handelt. Die Quelle der Unstrut bildet da keine Ausnahme. In der Nähe von Kefferhausen in 400 Metern über dem Meeresspiegel startet der nach der Saale wohl bedeutendste Fluss Thüringens seine 192 Kilometer lange Reise. Bei Naumburg mündet die Unstrut schließlich in die Saale. Am Ort der Vereinigung hat die Saale den größeren Weg zurückgelegt und führt mehr Wasser, die Unstrut jedoch entwässert ein flächenmäßig größeres Gebiet.

Doch zurück zur Quelle: Die Feldsteine wurden an der Schwelle zum 20. Jahrhundert zu dem einer Burg ähnlichen Gemäuer aufgeschichtet. Das Innere ist mit einer Wasserfläche ausgefüllt. Etwa 4,5 Liter des Wassers fließen pro Sekunde das Fenster der Burg ein paar Stufen hinab in das noch kleine Flussbett. Ein paar Meter neben der Quelle erkennt man ein Holzkreuz – schließlich befinden wir uns im Eichsfeld, einer Region, in der sonntags die Kirchen gut gefüllt sind. Gut vorstellbar, dass hier die Unstrut in das eine oder andere Gebet einbezogen wird. Immerhin galt der Fluss lange Zeit als ungezähmt und wild. Im ersten Jahrtausend unserer Zeitrechnung »Onestrudis« oder »Unestrude« genannt, bedeutet der Name so viel wie sumpfiges, unangenehmes Gebiet. Charakteristisch für den Fluss sind die Auen in vielen Uferbereichen. Oft kam es an der Unstrut zu großen Hochwasserkatastrophen, die Bewohner kämpften mehr oder weniger erfolgreich dagegen an. Schon vor Jahrhunderten versuchte man mit Dämmen, Deichen und Gräben zu kultivieren. Im Mittelalter und in der Neuzeit lebten nicht Wenige von der Landwirtschaft und ein Ausfall der Ernte bedeutete Hunger und Not. Außerdem trug der faulige Schlamm, der nach einer Überschwemmung zurückblieb, zur Ausbreitung von Krankheiten und Seuchen bei.

Nicht ganz kitschfrei: die Unstrutquelle

Klaus und Andreas Schmölling widmen sich in einer 1994 vom Heimatverein Aratora in Artern herausgegebenen Schrift der Unstrut im Allgemeinen und dem Jubiläum »200 Jahre schiffbare Unstrut« im Besonderen. Demnach wurden am Ende des 18. Jahrhunderts Pläne zur Schiffbarmachung eines 71 Kilometer langen Abschnitts des Flusses umgesetzt. Schleusen wurden gebaut, überall sollte die Fahrrinne wenigstens 80 Zentimeter tief sein. 1795 erfolgte die Übergabe der ausgebauten Strecke. Vorherige Versuche einer wirtschaftlichen Schifffahrt scheiterten an der zu geringen Wassertiefe, aber auch an sumpfigen und überschwemmten Treidelpfaden. Zur damaligen Zeit, vor der Einführung der Motoren, wurden die Lastkähne in der Regel vom Ufer aus von Pferden mit Seilen flussaufwärts gezogen. Der Beginn der Unstrut-Schifffahrt trug zum wirtschaftlichen Aufschwung in der Region bei. Sandstein aus Nebra, Kalkstein aus Freyburg sowie Getreide von den Feldern konnten günstig transportiert werden. Allerdings gab es immer wieder Rückschläge durch Hochwasser. Statistisch gab es in der ersten Hälfte des 20. Jahrhunderts mehrere mehr oder weniger schwere Überschwemmungen jährlich. Nach dem Zweiten Weltkrieg beschloss die DDR-Regierung ein Programm zum Schutz vor derartigen Ereignissen. Die Umsetzung ging jedoch auf Kosten der Schiffbarkeit. Das Rückhaltebecken in Straußfurt und die Talsperre Kelbra wurden gebaut. Der Lastentransport auf dem Wasser ging ohnehin zurück, andere Verkehrsträger gewannen damals an Bedeutung. Nach und nach wurden die Wehre abgebaut.

Heute ist an einigen Orten das Ausleihen von Kanus und Sportbooten möglich. Am Unterlauf der Unstrut verkehren ein paar Fahrgastschiffe zu touristischen Zwecken. Die thüringische Landesregierung ergriff in den letzten Jahren einige Maßnahmen zur Revitalisierung des Flusses. Der »Unstrut-Radweg« begleitet die Wasserstraße auf ihrer gesamten Länge und führt zu sehenswerten Orten am Ufer. Erste Abschnitte wurden bereits in den 1990er Jahren geplant, im Jahr 2009 wurden die letzten Hinweisschilder angeschraubt. Dennoch ist die Hochwassergefahr an der Unstrut nicht gebannt. Der Wandel des Klimas und in dessen Folge die rasante Zunahme extremer Wetterereignisse sind nicht zu übersehen. An der Quelle, ihrem Geburtsort, wirkt die Unstrut noch sanft und unschuldig. Doch hier beginnt erst der lange Weg des Wassers über Saale und Elbe bis hin zur Nordsee.

Königseiche

Rest des Klosterwaldes

Körner Ortsteil Volkenroda

24 Die rund 1500 Einwohner zählende Gemeinde Körner, gelegen im Unstrut-Hainich-Kreis westlich von Mühlhausen, hat mehrere ganz unterschiedliche Superlative zu bieten. Im Postleitzahlenverzeichnis ist der Ort ganz am Ende zu finden. Zusammen mit Weinbergen trägt Körner mit der 99 998 die höchste der in Deutschland vergebenen fünfstelligen Zahlen. Liebhaber von Briefmarken erinnern sich an den 9.9.1999. An diesem Tag strömten Philatelisten aus nah und fern hierher, um den begehrten Sonderstempel mit der fünfstelligen Ziffernkombination zu erhalten. Eine weitere Besonderheit stellt das im Ortsteil Volkenroda gegründete Kloster dar. Als Tochter des ältesten Zisterzienserklosters im deutschen Sprachraum in Kamp-Lintfort brachte es die im 12. Jahrhundert gegründete Abtei recht schnell zu Ansehen und Wohlstand. Später hinterließ der Bauernkrieg seine

Schatten spendende Königseiche

Verbliebener Rest des Klosterwaldes

Die Jahrhunderte haben ihre Spuren hinterlassen.

Spuren. Fanatische Aufständige erhoben sich gegen die Macht der Mönche, plünderten und brandschatzten die Abtei. Reste der Klostermauern sind heute noch sichtbar. Daneben ist der markante Christus-Pavillon nicht zu übersehen. Als Beitrag der evangelischen und katholischen Kirchen zur Expo 2000 geschaffen, wurde der aus einer modernen Stahlkonstruktion bestehende Bau nach Ende der Schau demontiert und in Volkenroda unter Einbeziehung der Ruinen der Klosterkirche neu aufgebaut. Heute dient die Symbiose aus Alt und Neu als Veranstaltungs- und Begegnungsort der Jesus-Bruderschaft Kloster Volkenroda e.V.

Im Zusammenhang mit dem Kloster soll die Königseiche, unser Naturdenkmal, bereits im 12. Jahrhundert erwähnt worden sein. Etwa 150 Meter davon entfernt, so berichtet Ortschronist Heinz Freybote in seiner 1994 im Eigenverlag erschienenen Chronik, befand sich ein unter dem Namen Teufelseiche bekannter, weitaus älterer Baum. Zumindest bis 1871, in diesem Jahr wurde der Baum von einem Blitzschlag zerstört. Die Reste gingen schließlich Monate später bei den offenbar außer Kontrolle geratenen Siegesfeiern zum Deutsch-Französischen Krieg in Flammen auf. Somit verblieb allein die unter dem Namen Königseiche bekannte Stieleiche. Als Grund für den Namen des

Baumes wird häufig der majestätische Wuchs genannt. Königseiche und Teufelseiche gelten, so lesen wir in einer 2007 vom Naturschutzinformationszentrum Nordthüringen herausgegebenen Broschüre, als Reste eines für die Viehherden des Klosters als Weiden genutzten Waldes. Carl Eduard, der letzte Herzog von Sachsen-Coburg und Gotha, vertrat 1903 noch eine andere These. In den Heimatblättern »Aus den Coburg-Gothaischen Landen« schrieb er: »Schon in grauer Vorzeit ... mag in Volkolrothein heiliger Hain gewesen sein, darin das germanische Heidentum seine Götterverehrung pflegte. Ein Teil des Eichenhains stand noch in christlicher Zeit. Da beschatteten dann die riesigen Bäume nicht mehr Opferschmaus und blutigen Opferstein, in den Zweigen hingen nicht mehr bleichende Pferdeschädel und Weihwasser, sondern zu ihren Füßen war buntes Messeleben, Jahrmarkt und Volksfest zur Pfingstzeit.« Wir werden dann wohl eher der ersten, auf neueren Forschungen basierenden Theorie folgen.

Das Alter des etwa 21 Meter hohen Baumes mit einem Kronendurchmesser von rund 20 Metern wird von Fachleuten auf 600 bis 900 Jahre beziffert. Spätestens seit Beginn des 20. Jahrhunderts benötigt der in die Jahre gekommene Baum laufend umfangreiche Pflege- und Erhaltungsmaßnahmen. Äste wurden mit Ketten und Eisen abgestützt, brachen schließlich doch und hinterließen Löcher, welche wiederum saniert werden mussten. In Hohlstellen drang immer wieder Feuchtigkeit ein, welche zu Fäulnis des Holzes führte und das Auftreten von Pilzbefall begünstigte. Eine größere Sanierung fand zu Beginn der 1990er Jahre statt, dazu reisten eigens Fachleute aus Hessen an.

Inzwischen wurde der Eichenveteran als Naturdenkmal unter Schutz gestellt. Alljährlich an Himmelfahrt, Pfingsten sowie zu ausgewählten weiteren Terminen feiert der örtliche Pfarrer an der Königseiche einen Gottesdienst zusammen mit meist mehreren hundert Menschen. Da reicht der Schatten der alten Eiche dann doch nicht für alle Teilnehmer.

Dolmar

Indirekt weltbekannt

Kühndorf

25 Eines vorweg: Ohne die Initiative engagierter Bürger in den 1990er Jahren würde dieses Naturdenkmal heute wohl nicht mehr existieren und dieses Buch hätte nur 49 Kapitel. Der Dolmar wäre – hätten sich wirtschaftliche Interessen durchgesetzt – zumindest in seiner heutigen Form Geschichte. Denn nach der deutschen Wiedervereinigung bestanden Pläne, hier jährlich bis zu 300 000 Tonnen Basalt abzubauen. Basaltgestein ist begehrt wegen seiner relativ hohen Beständigkeit gegen Verschleiß, lässt sich jedoch schwer bearbeiten. Aufgrund der Langlebigkeit findet das Material Verwendung als Unterbau für Straßen- oder Schienenwege und wird zudem zu Pflastersteinen gehauen.

Erhebung mit wechselvoller Geschichte

Gipfel auf 740 Metern Meereshöhe

Entstehungsgeschichtlich handelt es sich, vereinfacht gesagt, bei Basalt um erkaltete Lava. Der Dolmar, ein rund 740 Meter hoher Berg zwischen Rhön und Thüringer Wald, ist somit vulkanischen Ursprungs. Vielleicht aufgrund seiner freien Lage war er bereits in vorchristlicher Ära besiedelt. Gräber aus der Bronzezeit wurden gefunden, eine Ringwallanlage deutet auf keltische Siedlungsaktivitäten hin. Herzog Moritz von Sachsen-Zeitz, ein Vertreter einer relativ kleinen Nebenlinie des Wettinergeschlechts, begann im Jahr 1668 mit der Errichtung eines Jagdhauses in der Nähe des Gipfels. Nach einem reichlichen halben Jahrhundert wurde dieses durch einen Brand zerstört. Auf den Grundmauern begann man 1882 mit der Errichtung des Charlottenhauses. Bauherr war der zwei Jahre zuvor gegründete »Thüringerwald-Verein«. Mit rund 16 000 Mitgliedern in über 100 Zweigvereinen nahm die Gemeinschaft einen nicht unbedeutenden Platz im gesellschaftlichen Leben jener Zeit ein. Zur Eröffnung des Charlottenhauses im gleichen Jahr erschien folglich Prominenz, wie zum Beispiel der Dichter Rudolf Baumbach. Weit gereist und zeitlebens begeistert von den Schönheiten der Natur, widmete Baumbach dem Ort und dem Ereignis einige Verse. Das Charlottenhaus selbst erhielt seinen Namen nach der ältesten Tochter des »99-Tage-Kaisers« Friedrich III. von Preußen. Jene Charlotte von Preußen, beim Bau des Hauses auf dem Dolmar gerade einmal 22 Jahre alt, war die Ehefrau des letzten Meininger Herzogs Bernhard III. Der Dolmar als Wanderziel und das Charlottenhaus als Unterkunft erfreuten sich großer Beliebtheit, bereits nach wenigen Jahren wurden erste Erweiterungsbauten vorgenommen. Gäste kamen reichlich aus fern und nah, in den frühen 1930er Jahren wurde, um die Kapazität abermals zu erweitern, das Haus aufgestockt. Im gleichen Jahrzehnt erkannten Luftsportexperten das Potential des Gebietes als Segelflugstandort und begannen mit der Errichtung von Flugplatz und Flughalle.

Wetterfeste Info

Der Zweite Weltkrieg durchkreuzte touristische Pläne, das Militär nutzte den Dolmar als Basis zur Beobachtung des Luftraumes. Nach der Gründung der DDR nutzte die vormilitärische GST (Gesellschaft für Sport und Technik) das Gelände. Ab Mitte der 1960er Jahre trainierten Truppen der Roten Armee den zum Glück nie eingetretenen »Ernstfall«. Spätestens mit dem Einzug der Russen wurde der Dolmar zum isolierten Sperrgebiet, die Bausubstanz auf dem Berg fiel Vandalismus zum Opfer.

Die letzten Soldaten verließen 1991 den Berg. Im Jahr zuvor wurde der »Verein der Dolmarfreunde e.V.« gegründet. Auf dessen Initiative verschwanden nicht nur die eingangs erwähnten Pläne zum Gesteinsabbau in der Schublade. Der Verein setzte sich außerdem für den Wiederaufbau des Charlottenhauses ein. Erfolgreich, denn

Grenzenloser (Schönwetter-)Blick

am 1. Mai 2000 konnte Einweihung gefeiert werden. Heute steht die Gaststätte des Hauses Ausflugsgästen und Wanderern zur Verfügung. Und gewandert wird gern auf dem Berg, nicht zuletzt wegen der artenreichen Tier- und Pflanzenwelt. Zudem besticht der Berg durch seine Ruhe. Ruhig war es jedoch nicht immer hier oben. Im Jahr 1927 verbreitete ein gewisser Emil Lerp ziemlich viel Lärm auf dem Dolmar. Der Erfinder testete die von ihm entwickelte weltweit erste Benzinkettensäge. Das Ungetüm wog über einen Zentner und musste von zwei Personen bedient werden – erleichterte aber Forstleuten die Arbeit. Die Geräte erwiesen sich bald als Verkaufsschlager und gingen in alle Welt. Heute gehört die einstige Dolmar GmbH zur japanischen Makita-Corp, einem führenden Hersteller von Elektrowerkzeugen. Dolmar Kettensägen werden in modernerer Bauart heute noch erfolgreich produziert und tragen den Namen des Berges, auf dem einst die Prototypen getestet wurden, in alle Welt.

Barbarossahöhle

Der Kaiser am Steintisch

Kyffhäuserland Ortsteil Rottleben

26 August Valentin Witzschel, ein 1813 geborener Philologe, schreibt in »Sagen und Geschichten aus deutschen Gauen«, einer im 19. Jahrhundert erschienenen Anthologie: »Von dem Kyffhäuser wissen die Leute in der Umgebung gar vieles zu erzählen.« Dabei spielt er auf die wohl bekannteste Geschichte, jene von »Kaiser Friedrich, der Rotbart genannt, der mit seinem Hofgesinde in dem Kyffhäuser wohnt«, an. »Er sitzt darin auf einer Bank an einem Steintisch, halte den Kopf in die Hand gestützt und ruhe oder schlafe, dabei nicke er aber stets mit dem Kopf und zwinkere mit den Augen, als ob er nicht recht schliefe oder bald wieder erwachen wolle; sein roter Bart sei ihm durch den Tisch hindurch bis auf die Füße gewachsen«. So oder so ähnlich, denn die Geschichte wird mitunter in verschiedenen

Denkmal für den Rotbart

Monumental oder größenwahnsinnig?

Varianten erzählt. Andere Quellen behaupten, der Bart durchdringe den Tisch nicht, sondern umkreise ihn mehrfach, wobei die dritte Umrundung bevorstehe. Alle 100 Jahre lässt Barbarossa nachsehen, ob die Raben noch um den Berg fliegen. Solange dies der Fall ist, schlummert er ein weiteres Jahrhundert. Eines Tages jedoch wird er erwachen, in die Welt hinaustreten und für Ordnung sorgen. Spätestens, wenn der letzte Rabe vom Berg verschwunden ist und/oder sein Bart eine gewisse Länge erreicht hat. Wer über eine gewisse Fantasie verfügt, kann beim Rundgang durch die Höhle den alten Stauferkaiser an seinem Tisch sitzen sehen. Der Rest hält sich an die Fakten.

Den Beinamen »Barbarossa« bekam Friedrich I. erst im Jahrhundert nach seinem Tode. Um 1122 geboren, stand er ab 1155 für ein Vierteljahrhundert an der Spitze des römisch-deutschen Reiches, musste sich während dieser unruhigen Zeit mit zahlreichen innenpolitischen Konflikten auseinandersetzen. Parallel dazu nahm er an Kreuzzügen teil, auf einem davon ertrank er unter mysteriösen Umständen in einem Fluss auf dem Gebiet der heutigen Türkei. Der Verbleib seiner sterblichen Überreste blieb ungeklärt – eine Tatsache, die Raum für Spekulationen und Legenden schuf. So wurde Barbarossa zum Paradebeispiel für eine »Bergentrückung«, vereinfacht gesagt ist der Kaiser nach dieser Theorie nicht verstorben, sondern lebt in der Unterwelt des Berges weiter. Im Laufe der Jahrhunderte tauchten immer wieder Hochstapler oder Spaßvögel auf, die von sich behaupteten, der erwachte Stauferkaiser zu sein. Der Mythos blieb am Leben. Besonders

Faszinierende Höhlenwelt

im 19. Jahrhundert im Streben nach einem geeinten deutschen Nationalstaat wurde Barbarossa zur Symbolfigur erhoben. Einige sahen in Kaiser Wilhelm I. den geistigen Erben Barbarossas, verstehen das Werk Wilhelms als Weiterführung und Vollendung dessen, was einst Friedrich begann. Steinernes Zeugnis dieses Kults ist das gleichermaßen gigantische wie umstrittene Barbarossadenkmal.

Wenden wir uns stattdessen der Höhle zu. In den 1860er Jahren planten Unternehmer, den seit Jahrhunderten in der Region nie besonders ertragreich betriebenen Abbau von Kupferschiefer zu beleben. Auch unterhalb der Falkenburg-Ruine begann man einen Stollen in den Berg zu treiben. Nach 178 Metern entdeckte man aber dann die ausgedehnten Hohlräume. Ungewöhnlich zur damaligen Zeit: Die Verantwortlichen beschlossen, die Höhle der Öffentlichkeit zugänglich zu machen. Statt weiter auf die bergbauliche Nutzung zu setzen, funktionierte man die beeindruckenden Hohlräume kurzerhand zur Schauhöhle um und versah sie schrittweise mit der nötigen

Ein Rundgang vermittelt Wissenswertes.

Infrastruktur. Bereits wenige Jahre nach der Entdeckung wurden erste Besuchergruppen durch die Felsgrotte geführt. Immerhin gilt die rund 13 000 Quadratmeter große Höhle als geologische Rarität. Weltweit ist sie eine von zwei bekannten von Anhydrit-Gestein geformten Höhlen. Beim Rundgang erhält man einen Eindruck von der Farben- und Formenvielfalt des Materials, staunt über Stellen mit reinweißem Alabaster, kuppelartige Gewölbe, bizarr geformte Gipsplatten an der Decke sowie über unterirdische Seen. Dennoch dürfte es kein Fehler sein, sich während des Aufenthalts in der Höhle ruhig zu verhalten. Wer möchte schon den alten Rotbart-Kaiser aufwecken?

Staatsbruch

Das Blaue Gold

Lehesten

27 Fremden fällt es sofort auf. Je weiter man sich Lehesten nähert, umso mehr dominiert das »Blaue Gold« das Erscheinungsbild der Dörfer. Angekommen in dem gut 1500-Einwohner-Ort findet man kaum ein mit Ziegeln gedecktes Dach. Trotz der heutigen Formen- und Farbenvielfalt, die für beinahe jedes Haus eine individuelle Lösung erlaubt, behauptet die blaugraue mineralische Lösung, die zudem ein hohes Maß an handwerklichem Können erfordert, ihren Platz. Neben den Dächern schützt der Schiefer hier auch manche Fassade vor Wind und Wetter. Dieser Schutz ist durchaus angebracht,

Das Blau des Wassers: In Natur noch faszinierender als auf dem Bild.

Rundgang durch eine Gesteinswelt

denn Lehesten an der Grenze zum Freistaat Bayern befindet sich auf einer Hochfläche. Hier auf über 600 Metern Meereshöhe sind die Winter im Durchschnitt etwas rauer und der Wind bläst einem intensiver ins Gesicht.

Der Schiefer war für mindestens ein halbes Jahrtausend Lebensgrundlage für die Menschen in der Region. Wahrscheinlich wurde bereits im frühen 14. Jahrhundert mit dem Abbau des Gesteins begonnen. Lehesten wurde im Jahr 1077 erstmals urkundlich erwähnt und entwickelte sich Mitte des 17. Jahrhunderts dann aufgrund seiner Lage an einer bedeutenden Handelsstraße zur Kleinstadt. Zahlreiche Fuhrunternehmen lieferten den hier gewonnenen Schiefer in alle Himmelsrichtungen. Ende des 19. Jahrhunderts ratterten die ersten Züge nach Lehesten. Der Anschluss an das Eisenbahnnetz vereinfachte den Abtransport der Schieferprodukte. Zu Beginn des 20. Jahrhunderts florierte die Wirtschaft im Ort. Zu dieser Zeit nahm mit der ersten Dachdeckermeisterschule Deutschlands in Lehesten eine der bedeutendsten Bildungseinrichtungen ihrer Art den Betrieb auf.

Fachleute wissen: Schiefer ist nicht gleich Schiefer. Ähnlich wie Weine unterschiedlicher Anbaugebiete unterscheiden sich die in

Schiefer und die Spuren seines Abbaus

Die Natur erobert sich das Gebiet zurück.

verschiedenen Regionen gefundenen, jedoch unter dem Begriff Schiefer zusammengefassten Mineralien erheblich. Entsprechende Regelungen und Klassifizierungen wurden – typisch deutsch – sehr detailreich bereits ab den 1920er Jahren ausgearbeitet. Interessierte können darüber im amtlichen Teil der Zeitschrift »Das Deutsche Dachdeckerhandwerk« vom 7. August 1932 lesen. So unterscheidet man aufgrund seiner Herkunft zum Beispiel zwischen Hunsrücker Schiefer, Sauerländer Schiefer, Moselschiefer oder eben Thüringer Schiefer. Letzterer ist geeignet für Dach- und Fassadenverkleidungen, findet aber auch bei der Herstellung von Schiefertafeln Verwendung. Die wahrscheinlich größte, jemals aus einem Stück gehauene Schiefertafel kann im Vorraum der Lehestener Kirche bestaunt werden. Das rekordverdächtige Stück hat immerhin Ausmaße von rund zweieinhalb mal drei Metern. Schiefer ist jedoch nicht nur in Deutschland verbreitet, zu den weltweit größten Abbauländern zählen Spanien, Frankreich und Großbritannien.

Der Verlauf der innerdeutschen Grenze in den Jahren nach dem Zweiten Weltkrieg schuf Probleme für die Region. Unmittelbar südlich von Lehesten teilte der »Eiserne Vorhang« das Land. Arbeitsverhältnisse von in Franken lebenden und im Lehestener Schieferbergbau

tätigen Menschen wurden beendet. Die Ausbildung der Dachdeckermeister wurde bald nach der Gründung der DDR nach Weimar verlagert. Zu groß war die Gefahr, dass die Absolventen die Grenznähe nutzten, um nach Gelegenheiten zur Flucht Ausschau zu halten. Aus den gleichen Gründen wurde in den frühen 1960er Jahren die Lehrlingsausbildung eingestellt. Die Gebäude der Dachdeckerschule dienten der Unterbringung von Grenzsoldaten.

Inzwischen wurde an frühere Traditionen angeknüpft. Kurz nach der Wiedervereinigung erfolgte die Wiedereröffnung der Schule als Bildungseinrichtung. Der Schieferbergbau, bis 1975 im Tagebau, danach unter Tage betrieben, erwies sich ab dem Ende des 20. Jahrhunderts als unwirtschaftlich und wurde 1999 eingestellt. Teile des einstigen Abbaugeländes stehen seit 2001 unter Schutz, im ausgewiesenen »Naturschutzgebiet Staatsbruch« leben zahlreiche bedrohte Arten, darunter der Uhu. Als die Pumpen im einstigen Tagebau abgestellt wurden, füllten sich einige der entstandenen Löcher mit Wasser. Das ungewöhnlich tiefe Blau der Seen soll wohl unter anderem unkundige Fremde mahnen, Schiefer niemals als grau oder schwarz zu bezeichnen. Einheimische belehren in diesem Fall gern, dass das als Sinnbild für die Region geltende Mineral blau ist.

Thomas-Müntzer-Linde

Standhaft gegen den Lauf der Welt

Leinefelde-Worbis Stadtteil Beuren

28 »Von einem waldigen Vorsprunge des Düngebirges schaut das alte Schloss Scharfenstein mit seinen noch erhaltenen Gebäuden über den Wipfeln der hohen schönen Bäume, welche den Berg beschatten, so freundlich in die Ebene herab, dass die Sonne ihm jeden Morgen ihren ersten Gruß bietet, und wir uns nicht enthalten können, den ersten Pfad, welchen wir vor uns sehen, zu betreten und die Höhe zu erklimmen.« Derart schwärmerisch beschreibt Carl Duval einen Besuch der altehrwürdigen Festung, 1845 erschienen in »Das Eichsfeld Oder historisch romantische Beschreibung aller Städte, Burgen, Schlösser, Klöster, Dörfer und sonstiger beobachtungswerther Punkte des Eichsfeldes«. Dabei sollte der Leser unserer Tage bedenken, dass sich Burg Scharfenstein damals in keiner guten Verfassung befunden haben muss. Der Bergfried und eine Scheune waren in baufälligem Zustand und wurden bald darauf abgerissen. Die Burg war ab 1869 für knapp ein Jahrhundert Sitz der Forstverwaltung. Später, nach dem Zweiten Weltkrieg, verbrachten DDR-Kinder ihre Ferien hier. In einem Teilbereich der Festung war ein Kinderferienlager untergebracht. Um die Wende zum 21. Jahrhundert erwarb die Stadt Leinefelde die Anlage. Längst fällige Rekonstruktionsarbeiten konnten in Angriff genommen werden. In mehreren Abschnitten begannen Fachleute damit, die verbliebene Bausubstanz zu restaurieren und die Geschichte des Ortes für die Nachwelt erlebbar zu machen. Carl Duval schreibt in seinem eingangs erwähnten Buch weiter: »Ehe wir zu der alten Burg selbst gelangen, kommen wir links vom Thore zu einer bejahrten Linde, welche uns von vergangenen Tagen viel zuflüstern könnte. Unter ihren Zweigen, in denen

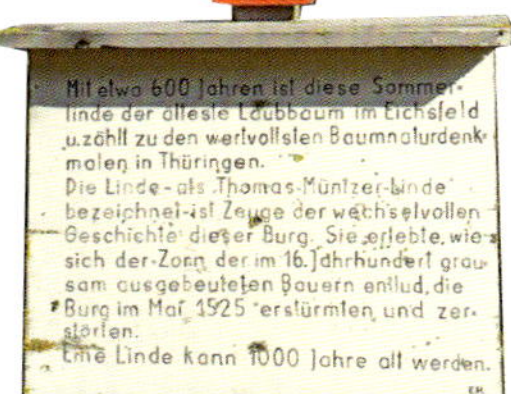

Zeuge der Geschichte: die Linde in der Nähe der Burg

es wie Geisterlispeln tönt, stand gewiss schon mancher Burgherr und schaute stolz im Gefühle seiner Sicherheit auf das tief unten liegende Thal hinab. ... Man blickt hinab in das zwischen dem Dün und dem Ohmgebirge liegende mit vielen freundlichen Dörfern besäte Thal, welches von dem Ohmgebirge, – an welchem das Schloss Bodenstein besonders bemerkbar wird, – von der Harburg, der Hasenburg und den übrigen sich anreihenden Bergen eingerahmt wird, über diese Höhen hinweg aber schaut man zu den fernen blauen Bergen.«

Als Carl Duval unter der Linde stand, hatte der Baum zwar auch schon eine gewisse Stattlichkeit, war aber dennoch nahezu zwei Jahrhunderte jünger. Heute verfügt die Sommerlinde immerhin über einen Stammumfang von etwa acht Metern. Die drei mächtigen Hauptäste bilden eine Krone mit einer maximalen Höhe von rund 25 Metern. Damit gilt der Baum als der älteste Laubbaum im Eichsfeld und wurde vermutlich in der zweiten Hälfte des 15. Jahrhunderts gepflanzt. Über das genaue Alter sind die Forscher uneins. Als sicher gilt jedoch, dass der Baum an seiner Stelle Zeuge bedeutender Ereignisse wurde.

Massives Gehölz

In seinen frühen Jahren erlebte die Linde die Erstürmung der Burg durch Hans Pfeiffer. Jener Pfeiffer, Führer eines Bauernheeres, nahm die Burg mit seinen Leuten im Jahr 1523 ein und brannte sie nieder. Es war die Zeit der Bauernaufstände, überall erhoben sich die Bauern gegen die Allmacht des Adels und des Klerus. Heinrich Pfeiffer, Zisterziensermönch, floh aus dem Kloster Reifenstein. Begeistert von den Lehren Luthers zog er übers Land und predigte zu den Menschen. Unter anderem sprach er im Schatten der Linde zu den Bewohnern der umliegenden Dörfer. Pfeiffer traf auf Thomas Müntzer, den führenden Kopf der Aufständigen, wurde dessen Weggefährte. Während Luther – vereinfacht gesagt – Reformen der Kirche in den Mittelpunkt seiner Bestrebungen stellte, sah Müntzer die Notwendigkeit grundlegender Änderungen in der Struktur der Gesellschaft als notwendig an und hielt gewaltsame Methoden der Durchsetzung durchaus für legitim.

Wir wissen, dass die Aufstände bald darauf niedergeschlagen wurden. Die Hoffnungen der kleinen Leute hatten sich nicht erfüllt.

Burg Scharfenstein

Pfeiffer wurde zunächst von Burg Scharfenstein, später auch aus Mühlhausen vertrieben und schließlich hingerichtet. Auf der Burg ging man daran, die Spuren der Verwüstung zu beseitigen. Scharfenstein wurde zum Amtssitz Kurmainzer Amtsvögte, die ab dem späten 16. Jahrhundert hier ein Gefängnis errichteten. Der Dreißigjährige Krieg im 17. Jahrhundert brachte Leid und Elend übers Land, ließ aber unsere Linde scheinbar unbeeindruckt. Später, nach der Ära Napoleon, wehte die preußische Flagge, manch andere Flagge wurde im Laufe der Zeiten gehisst und wieder eingeholt. Die Linde in ihrer vollen Schönheit hat all die Ereignisse tapfer ertragen, hat manches Feuer erduldet und konnte Wind und Wetter trotzen. Wir sollten, wenn wir uns unter ihrem Blätterdach einen Augenblick Ruhe gönnen, einen Blick auf die Gedenktafel werfen. Vor allem wünschen wir dem Naturdenkmal noch ein paar Jahre festen Stand und Gesundheit. Immerhin kann es eine Linde unter guten Bedingungen schon mal auf 1000 Jahre bringen.

Teufelsstein

Diabolischer Bauschutt

Lengfeld

29 Dass hier der Teufel persönlich Schlimmes plante, sieht man der kleinen Gemeinde Lengfeld auf den ersten Blick gar nicht an. Rund 450 Menschen leben heute in dem beschaulichen, im Jahr 826 erstmals urkundlich erwähnten Dorf im Landkreis Hildburghausen. Mit 15 weiteren Orten schloss sich Lengfeld in den 1990er Jahren mehr oder weniger freiwillig zur Verwaltungsgemeinschaft Feldstein zusammen. Diese erstreckt sich auf einem Gebiet von rund 126 Quadratkilometern, allerdings wohnen in den Orten zusammengerechnet weniger als 5000 Menschen. Das Gebiet kann also nicht gerade als Ballungsraum bezeichnet werden, besticht aber durch seine reizvolle Lage zwischen dem »Kleinen Thüringer Wald«, einem Höhenzug vor den Toren der Stadt Suhl, im Norden und dem Tal der Werra im Süden.

Hier in der ländlichen Idylle, grob gesagt im Städtedreieck Suhl-Meiningen-Hildburghausen, erzählte man in den Jahrhunderten

Fels beflügelt die Fantasie.

Der sagenhafte Feldstein beeindruckt den Betrachter.

vor Einführung des Fernsehens manche Sage. Eine davon wird von den Einwohnern in Lengfeld besonders gern zum Besten gegeben. Die Quelle der Geschichte liegt jedoch im Dunklen. Erzählt wird von einem finsteren Ritter, welcher dereinst auf der Steinsburg auf dem Kleinen Gleichberg gehaust haben soll. Seine Tochter jedoch erschien einem jungen Mann aus der Gegend als durchaus begehrenswert. Der Ritter, der als unfreundlicher und zweifelhafter Zeitgenosse galt, verfügte nicht gerade über Freunde im Übermaß. Kein Wunder, dass er auch mit dem Verehrer seiner Tochter zerstritten war. Unglücklicherweise befanden sich die schützenden Mauern um die Burg in einem maroden Zustand. Um dies zu ändern, schloss unser Ritter einen Pakt mit dem Teufel. Dieser sollte die Verteidigungswälle in Ordnung bringen, um damit befürchtete Angriffe des um die Tochter werbenden Nachbarn abzuwehren. Als Gegenleistung sollte der Teufel eben jene Tochter erhalten. Die Mauer sollte innerhalb einer Nacht bis zum Morgengrauen und dem ersten Hahnenschrei fertig werden. Eine gute Seele aus den Reihen der Dienerinnen auf der Burg erfuhr von den Plänen und beschloss, die Tochter zu retten. In der Nacht, in welcher der Satan mit seinen Helfern die riesigen Steine in rasantem Tempo zum vereinbarten Wall übereinanderstapelte, schlich die Frau mit einem hellen Licht in den Hühnerstall. Der Hahn, getäuscht durch die Helligkeit, tat lauthals seine Pflicht. Der Teufel floh sofort durch die Lüfte, ließ aber vor Schreck einen Stein fallen.

Wer sich auf Spurensuche begibt, wird feststellen, dass von der Burg heute nicht mehr viel zu sehen ist. Auf dem Kleinen Gleichberg jedoch, 641 Meter hoch, fand man Reste einer keltischen Siedlung. Und selbst das geschah eher zufällig: Beim Bau einer Straße im 19. Jahrhundert mussten Unmengen von im Weg liegenden Basaltsteinen beiseite geräumt werden. Dabei fand man einige Metallgegenstände aus der Eisenzeit. Etwa um die gleiche Zeit stieß man bei Steinbrucharbeiten auf weitere Gegenstände. Im 20. Jahrhundert begannen planmäßige Ausgrabungen. Seit Jahrzehnten werden diese Funde übrigens in einem eigens dafür errichteten Museum am Gleichberg präsentiert. Aufmerksame Wanderer können auf dem Berg noch ein paar Reste des keltischen Oppidum erkennen.

Der Stein, den der Teufel beim Hahnenschrei hielt, fiel ein paar Kilometer weiter in der Nähe von Lengfeld zur Erde. Mit seiner Höhe von etwa zwölf Metern lässt er Rückschlüsse auf die Kräfte des Leibhaftigen zu. Wissenschaftler, die der Sage keinen Glauben schenken wollen, sehen den Fels als Produkt von vulkanischen Aktivitäten vor rund 16 Millionen Jahren. Unter Naturschutz gestellt wurde der 522 Meter über dem Meeresspiegel gelegene Feldstein – so der offizielle Name – bereits 1957. Seit rund 100 Jahren treffen sich Einwohner und Gäste von Lengfeld jedes Jahr am Pfingstmontag am Stein. In einem symbolträchtigen Ritual wird zunächst der Stein umrundet und dann bei Bier und Rostbratwurst die Geselligkeit gepflegt. Das Fest zieht jedes Mal einige hundert Menschen an den Teufelsstein. Dabei soll sich – unbestätigten Gerüchten zufolge – der eine oder andere Festbesucher etwas besorgt in den Reihen der Gäste umsehen. Allerdings konnte bislang noch niemand den Werfer des Steins unter den Besuchern ausmachen.

Teufelskanzel

Die verlorene Wette

Lindewerra

30 Theodor Storm war fasziniert von der Teufelskanzel. In den 1850er Jahren, während seiner Heiligenstädter Jahre, unternahm er mindestens eine Wanderung dorthin. Die Teufelskanzel, ein Sandsteinfelsen auf einer Höhe von 452 Metern über dem Meeresspiegel, ist von Lindewerra gut zu Fuß zu erreichen. Wer sich vorher Theodor Storms Eindrücke als Lektüre gönnen möchte, der sollte zur Novelle »Eine Malerarbeit« greifen. Dort schreibt der Dichter unter anderem: »Endlich war die Teufelskanzel erreicht. Sie war nicht unbefugt, den Namen zu führen; lotrecht schoss der Fels über hundert Klafter in die Tiefe, wo sich unten im Sonnenglanz die lachendste Landschaft ausbreitete. Durch grüne Wiesen, Dörfer und Wälder vorbei, floss in vielen Krümmungen ein Strom, dessen Rauschen in der Mittagshitze

Fels mit Weitblick

Relativ mühelos erreichbarer Aussichtspunkt

zu uns herauf klang, und drüber her, in gleicher Höhe mit uns, standen die Lerchen flügelschlagend in der Luft und mischten ihren Gesang in die Musik der Wellen. Wer dessen noch fähig war, der musste hier von Lebens- und Liebeslust bestürmt werden.« Erschienen ist der Text erstmals 1867/68 in »Westermanns illustrierte deutsche Monatshefte Nr. 23«, also zu einer Zeit, als Storm Thüringen längst wieder verlassen hatte. An den Besuch der Teufelskanzel rund ein Jahrzehnt früher hat sich der Dichter also gern erinnert.

Das heute auf der Höhe unmittelbar in der Nähe des Felsens befindliche Ausflugslokal wurde erst nach Storms Reise in den 1880er Jahren eröffnet und erfreute sich bald großer Beliebtheit. Spätestens als die Göttinger Studentenschaft den Ort als Wanderziel für sich entdeckte, war es besonders an schönen Tagen vorbei mit der Stille. Gut möglich, dass auch im Lokal am Biertisch die überall in der Gegend erzählte Sage zum Besten gegeben wurde. Woher die Geschichte stammt, kann – und das ist typisch für Sagen – keiner

Die Kanzel, von der nie gepredigt wurde.

erklären. Zugetragen haben soll sie sich vor vielen Jahren. Wie jedes Jahr feierten die Hexen am Brocken im Harz ihr höchstes Fest – die Walpurgisnacht. Zugegen war, wie immer, auch der Teufel. Die übermütigen Hexen forderten den Leibhaftigen heraus, wollten wissen, ob er den Felsbrocken unter sich bis zum »Hohen Meißner« tragen könne. Es wurde eine Wette vorgeschlagen, die der Teufel leichtfertig einging. Der Satan nahm den Steinblock und machte sich sofort auf den Weg. Die Hexenschar war misstrauisch, man schickte einige Abgesandte aus den eigenen Reihen zur Kontrolle hinterher. Die Bedenken der Hexen erwiesen sich als berechtigt, nach einiger Zeit erblickten sie den schlafenden Teufel neben dem Stein. Was war geschehen? Der Satan hatte seine Kräfte überschätzt und der Stein wurde bald zu schwer. Nur für einen Augenblick wollte er auf dem Höheberg eine Pause einlegen. Sofort hatte ihn die Müdigkeit übermannt. Als der Teufel erschrocken aus dem Schlaf fuhr, zerriss er die Hexen samt Besen in der Luft in 1000 Stücke und fuhr wutentbrannt davon. Im Tal ist noch heute sein riesiger Hufabdruck zu sehen. Der Steinblock jedoch verblieb an Ort und Stelle.

Die Werra hat den diabolischen Fußabdruck unterdessen in ihren Lauf integriert. Satan hat seinen Stein sicher abgelegt, sodass ein Ausblick von dort als ungefährlich gelten kann. Die rund 250 Einwohner von Lindewerra und die Gäste der Region kommen jedenfalls gern hierher. Im Wappen des Ortes finden sich neben dem blauen Hufeisen als Symbol für die Werraschleife unter anderem auch zwei gekreuzte Wanderstöcke. Der 1299 erstmals urkundlich erwähnte Ort gilt seit 1836 als Stockmacher-Dorf. Ein aus der Nähe von Göttingen zugezogener Vertreter dieses Handwerks brachte das Wissen um die Fertigung kunstvoller Wanderstöcke in den Ort und verhalf damit nicht wenigen Familien zu einem einträglichen Einkommen. Hier gefertigte hölzerne Begleiter für Spaziergänger erfreuten sich bald großer Beliebtheit in nah und fern. Gegenwärtig allerdings ist die Nachfrage an einem Tiefpunkt angekommen. Wer heute zur Teufelskanzel unterwegs ist, sieht allenfalls Zeitgenossen mit Nordic-Walking-Stöcken.

Die Zeiten wandeln sich eben, die Teufelskanzel jedoch bleibt. Am »Hohen Meißner« wartet man bislang vergeblich auf die Ankunft des Felsens.

Höckhübel

Das Grab am Straßenrand

Lumpzig Ortsteil Kleintauscha

31 Manches bedeutsame Naturdenkmal übersieht man fast. Auch der sogenannte Höckhübel im Altenburger Land mit seiner weitgehend im Dunklen liegenden Geschichte liegt eher unauffällig an einer Landstraße. Hier parken keine Reisebusse, hier schießen keine Touristengruppen mit Selfie-Sticks verwackelte Bilddateien. Doch gerade die relative Stille, die Einsamkeit macht den Reiz des Ortes aus, wird ihm in besonderer Weise gerecht.

Wir befinden uns in Lumpzig, einer Gemeinde mit gerade mal 500 Einwohnern, gelegen im westlichen Teil des Altenburger Landes. Dabei hätte die Region touristisch einiges zu bieten. Für Feinschmecker interessant ist zum Beispiel der überregional geschätzte und hier gefertigte Ziegenkäse. Aber auch die letzte Bockwindmühle im

Viele fahren achtlos vorbei.

Ein lauschiges Plätzchen mit Geschichte

Landschaft rund um das Denkmal

Altenburger Land und wahrscheinlich die älteste ihrer Art in Thüringen stellt eine Besonderheit dar. Lumpzig besteht aus sechs Ortsteilen, Kleintauscha ist mit seinen rund vier Dutzend Einwohnern einer davon. Wer über die L2169 südlich des Lumpziger Ortskerns Richtung Kleintauscha fährt, passiert kurz vor seinem Ziel die Kreuzung, an der die Zufahrtsstraße zum Dorf abzweigt. Genau an dieser Kreuzung befindet sich ein kleiner Hügel mit ein paar Bäumen, der zunächst wie ein seinerzeit beim Straßenbau übriggebliebener Erdhaufen aussieht. Und doch ist der Hügel mit der Weide auf dem Gipfel ein Denkmal, ein stummer Zeuge aus vergangenen Tagen. Lumpzig, wie wir es heute kennen, wurde erstmals im Jahr 1140 in einer Urkunde erwähnt. Der Höckhübel wurde damals, also in den Jahrhunderten des Mittelalters, als eine Art Wachturm zweckentfremdet. Wahrscheinlich war man sich zu jener Zeit dem ursprünglichen Zweck der Anlage nicht bewusst. Erst im 20. Jahrhundert interessierte sich die Wissenschaft für den Hügel. Größere Ausgrabungen fanden hier 1926 statt. Wie die vom Thüringischen Landesamt für Denkmalpflege aufgestellte Gedenktafel informiert, wurden dabei mehrere Grabhügelfelder im näheren Umfeld freigelegt. Die Gräber haben ein Alter von rund 4000 Jahren. Die damals hier lebenden Menschen betrieben immerhin schon Ackerbau und Viehzucht und hatten Kenntnisse über die Herstellung keramischer Gefäße. Zudem verfügten sie über die Fähigkeit, einfache Werkzeuge, wie zum Beispiel Äxte und Meißel, herzustellen. Dennoch hält sich das Wissen über den Höckhübel in Grenzen. Viele Funde sind verschollen, Dokumente existieren kaum.

Hinweise auf die Besiedlung im Gebiet des heutigen Thüringen gibt es allerdings schon aus früheren Zeiten. In Bilzingsleben im Landkreis Sömmerda fand man in einem alten Steinbruch 400 000 Jahre alte Zeugnisse menschlichen Daseins. Die Funde werden in einer eigens dafür errichteten Ausstellungshalle präsentiert. Im Museum für Ur- und Frühgeschichte in Weimar sind die Reste des »Ehringsdorfer Urmenschen« zu bestaunen. Hierbei handelt es sich um Knochen einer Frau, die vor rund 120 000 Jahren gelebt hat. Gefunden wurden diese eher zufällig am Beginn des 20. Jahrhunderts beim Abbau des begehrten und in der Region seltenen Baumaterials Travertin in einem Steinbruch des Weimarer Ortsteils Ehringsdorf.

Dagegen wirken die Funde am Höckhübel natürlich unspektakulär. Wir wissen zudem nicht allzu viel über unsere Vorfahren, die hier einen Ort der Trauer um ihre verstorbenen Mitmenschen geschaffen haben. Üblich war es in jener Zeit, die Menschen in einer Art hockender Haltung zu bestatten. Interessant dabei, dass die Köpfe der Leichen nach Süden gewandt waren, die Körper allerdings wurden in Ost-West oder, je nach Geschlecht des Verstorbenen, in West-Ost-Richtung bestattet. Rätsel bleiben, doch es gibt kaum einen Aspekt in der Kultur der Völker, der mehr über ihr Leben verrät als ihr Umgang mit den Verstorbenen. Selbst in der Gegenwart gibt es auf diesem Gebiet weltweit Traditionen, die verschiedener kaum sein könnten.

Im Schatten der Bäume lädt eine Bank zum Verweilen ein. Unwillkürlich drängen sich Gedanken über den Fluss der Zeit, den ständigen Wandel, die Vergänglichkeit auf. Das Leben rings um den Höckhübel nimmt unterdessen seinen gewohnten Lauf. Ab und zu rauscht ein Auto vorbei, die Felder werden bewirtschaftet …

Werraquelle

Der ungelöste Streit

Masserberg Ortsteil Fehrenbach

32 Eines vorweg: Eine Lösung des Konfliktes kann hier nicht gegeben werden. Der Streit um die »wahre« Werraquelle bewegt die Lokalpatrioten schon seit ewigen Zeiten. Zwei Bäche kämpfen darum, als der eigentliche Ursprung der Werra zu gelten. Bei Fehrenbach, einem gut 500 Einwohner zählenden Ortsteil von Masserberg, entspringt in 797 Metern Höhe am Hang des Sommerberges die »vordere« oder »nasse« Werra. Etwa neun Kilometer entfernt erhebt eine weitere Quelle den Anspruch auf das Privileg. Die »hintere« oder »trockene« Werra entspringt in 805 Metern Höhe über dem Meeresspiegel an einem Ausläufer des Bleßberges in der Nähe von Siegmundsburg. Der Ort Siegmundsburg wiederum gehört mit seinen gut 200 Einwohnern zu Neuhaus am Rennweg. Beide Quellorte kämpfen um die für die touristische Vermarktung mit Sicherheit hilfreiche Anerkennung ihrer Quelle. Beide Streitparteien halten ihre Argumente hoch und schätzen die der Gegenseite gering. Die Siegmundsburger verweisen auf die größere Meereshöhe ihres Quellflüsschens. Weiterhin soll ihr auch Saar genanntes Bächlein in geringerer Entfernung zur Wasserscheide zwischen den drei Flusssystemen von Elbe, Rhein und Weser entspringen. Um diesen Anspruch nach außen hin kenntlich zu machen, mauerten die Siegmundsburger im Jahr 1910 eine Einfassung um ihre Quelle. Das hatten die Fehrenbacher allerdings bereits zwölf Jahre früher getan. Die dortige Quelle erhielt ihre Einfassung mit dem Löwenkopf auf Initiative eines Forstmeisters aus dem nahen Heubach. Jener Georg Schröder dürfte bei der feierlichen Einweihung der Naturstein-Einfassung im Rahmen eines Waldfestes am 14. August 1898 anwesend gewesen sein. Vermutlich verwiesen die

Werraquelle bei Fehrenbach

Fehrenbacher Festredner damals auch auf die ersten Ausgaben der »Messtischblätter« aus den 1870er Jahren. Dort wurde die Quelle am Sommerberg als Werraquelle festgelegt. Die Auseinandersetzungen wurden mit einer schon etwas skurril anmutenden Ernsthaftigkeit ausgetragen und erreichten ihren vorläufigen Höhepunkt im Jahr 1926. Damals, so erzählt man, seien die Fehrenbacher losgezogen, um die Siegmundsburger Quelle zu zerstören. Später in der DDR war es nicht unüblich, Streitpunkte per »Entscheidung von oben« zu regeln. Ein Ministerratsbeschluss vom 22. Dezember 1975 erklärte die Fehrenbacher Quelle zur offiziellen Werraquelle. Das Siegmundsburger Bächlein durfte sich fortan nur noch Saar nennen. Anfang der 1990er Jahre zeigten die Siegmundsburger, was sie von dem Beschluss der inzwischen untergegangenen DDR hielten. Die Fassung der dortigen Quelle wurde erneuert und selbstbewusst als »Werraquelle« kenntlich gemacht. Eine Lösung des Konfliktes ist, wie bereits erwähnt, nicht in Sicht. Und vielleicht ist es gerade der Streit, der manchen Besucher in die Region zieht und zum Besuch beider Quellen anregt.

Nach knapp 300 Kilometern vereinen sich Werra und Fulda zur Weser. Somit hat auch die Weser keine offizielle Quelle. Der Strom beginnt seine Existenz am Zusammenfluss der beiden, um nach rund 450 Kilometern in der Nordsee seine Eigenständigkeit zu verlieren. Eine Antwort auf die Frage nach der rechtmäßigen Quelle der Weser wäre ohnehin kaum zu finden. Die Fuldaquelle liegt höher als die beiden mutmaßlichen Quellen der Werra, trotz ihrer geringeren Länge steuert die Fulda zudem mehr Wasser der vereinten Weser bei. Die Werra bringt es dagegen aufgrund der an ihren Ufern liegenden Industrie auf eine höhere Verunreinigung des Wassers. Historisch gesehen dürfte die Werra eine Weile als der Quellfluss der Weser gegolten haben. Darauf deutet die sprachliche Verwandtschaft beider Namen hin.

Wie auch immer – beide Quellen haben ihren Reiz und sind einen Besuch wert. Denken wir, während wir an einer der Quellen der Werra stehen und dem abfließenden Rinnsal nachschauen, lieber an den Spruch, der am sogenannten Weserstein in Hannoversch Münden am 31. Juli 1899 angebracht wurde und der sinngemäß auch für die Werra gilt: »Wo Werra und Fulda sich Küssen – Sie ihre Namen büssen müssen – Und hier entsteht durch diesen Kuss – Deutsch bis zum Meer der Weserfluss«.

Goetz-Höhle

Die verborgene Besonderheit

Meiningen

33 Die Goetz-Höhle ist etwas Besonderes. In ihrer Art gibt es keine größere in Europa, die für Besucher geöffnet ist. Umso unverständlicher, dass sich die Besucherzahlen jahrelang in überschaubarem Rahmen hielten. Entstanden ist die Grotte vor rund 25 000 Jahren. Unter dem Einfluss von eingedrungenem Wasser lösten sich mineralische Substanzen und brachten den Fels ins Rutschen. Die dadurch entstandenen Hohlräume im Gestein können wir heute als Höhle bestaunen. Das Besondere fällt beim Rundgang auf. Anders als zum Beispiel in Tropfsteinhöhlen finden wir glatte steile Wände mit tiefen Spalten vor. Burko Meißner, Freizeit-Höhlenführer, verweist in einem Artikel der Würzburger »Mainpost« vom 10. November 2017

Blick über Meiningen

Aufstieg vor dem Einstieg

Unauffälliger Eingang

auf einen ähnlichen geologischen Vorgang im nur wenige Kilometer entfernten Themar. Dort sei im 16. Jahrhundert ein ganzer Hang abgerutscht und habe eine senkrechte Felswand hinterlassen. Auch in Meiningen befindet sich der Fels in Bewegung, jedoch erwarten Experten in absehbarer Zeit keine nennenswerten Veränderungen. Doch in der Geologie wird bekanntlich in Jahrtausenden gerechnet. Aber was wäre eine Höhlenführung ohne spannende Anekdoten?

Entdeckt wurde die Höhle im Jahr 1915 durch den ortsansässigen Kaufmann Reinhold Goetz. Oder sollte man besser sagen: wiederentdeckt? Denn als Goetz auf dem Dietrichsberg bei der Anlage eines Berggartens inklusive Aussichtspunkte und einer künstlichen Burgruine auf eine Öffnung im Fels stieß, war er nicht der erste Mensch, der sich für die Grotte interessierte. Knochen von mindestens acht Menschen, dazu Skeletteile von Braunbären und Dachsen fand Goetz bei der weiteren Erschließung. Teile der Funde sind heute im Eingangsbereich der Höhle in einer Vitrine ausgestellt. Es dauerte

Einblicke in eine Formen- und Farbenwelt

nicht lang und der Thüringer Höhlenverein wurde auf die Felsspalte aufmerksam. In kleinem Rahmen wurden erste Führungen organisiert. Der Entdecker Richard Goetz verstarb 1925. Erst sieben Jahre später verwies der damalige Thüringer Landesgeologe vor Vertretern der Kommunalpolitik sowie Mitgliedern des Höhlenvereins auf die Bedeutung der Höhle. Die weitere Erschließung plante ein Bergbauingenieur, an Hacke und Schaufel schufteten erfahrene Bergleute aus dem Ruhrgebiet, zwangsweise unterstützt von Reichsarbeitsdienst leistenden jungen Menschen. Letztere dürften wenig Begeisterung gezeigt haben, denn der Dienst in Hitlers militärähnlich organisiertem Reichsarbeitsdienst war eine wenig geliebte Zwangsmaßnahme.

Bereits 1940 wurde die Goetz-Höhle als Naturdenkmal unter Schutz gestellt. Auch später in der DDR gab es entsprechende Verordnungen. Dennoch fand am 24. Juli 1970 die zunächst letzte Führung statt. Die Höhle wurde kurzerhand wegen drohender Firstabbrüche – so die offizielle Begründung – geschlossen. Vermutungen gehen davon aus, dass der eigentliche Grund für die Sperrung die Nähe zur innerdeutschen Grenze war. Bislang wurden jedenfalls keine Dokumente gefunden, die die These der Einsturzgefahr stärken. Neue Untersuchungen nach der politischen Wende enthielten ebenfalls keinerlei Sicherheitsbedenken. Daraufhin verfolgten engagierte Bürger ab Mitte der 1990er Jahre das Ziel, die Höhle der Öffentlichkeit wieder zugänglich zu machen. Doch hatten drei Jahrzehnte Schließung ihre Spuren hinterlassen. Bauliche Maßnahmen, darunter eine Erneuerung der elektrischen Anlage, waren notwendig. Am 22. April 2000 begann der regelmäßige Führungsbetrieb. Dennoch bleibt die Höhle eher ein Geheimtipp, die Besucherzahlen liegen weit unter dem Durchschnitt vergleichbarer Anlagen.

Mit viel Glück zu erkennen: Fledermäuse an den Felsen

In die Höhle, in der konstant 16 Grad herrschen, zieht es nicht viele Lebewesen. Ein paar Mücken und Spinnen fühlen sich in der Grotte wohl. Zudem halten Fledermäuse, wie das Große Mausohr und das Braune Langohr, ihren Winterschlaf versteckt in Spalten und sind dadurch kaum zu sehen. Im direkten Umfeld der Lampen haben sich ein paar Moose und Flechten angesiedelt, angelockt durch das regelmäßige Kunstlicht.

Goetz hätte sich sicher einen größeren Zuspruch für seine Entdeckung gewünscht. Die nahe Gastronomie erwies sich ebenfalls nicht als Goldgrube, mancher Pächter hat schon das Handtuch geworfen, obwohl bereits prominente Besucher dort waren, denn wie Höhlenführer Meißner erklärt, sei sogar schon Putin hier gewesen. Allerdings nicht als Präsident, sondern vor Jahrzehnten als Soldat.

Haselbacher See

Das junge Paradies

Meuselwitz Ortsteil Wintersdorf

34 Die Region um Meuselwitz galt lange Zeit nicht gerade als touristisch attraktiv. Die Förderung der Braunkohlevorkommen hat den Menschen weit über ein Jahrhundert lang Arbeit und Brot, aber auch Zerstörungen an der Umwelt gebracht. Wer heute in der Umgebung von Wintersdorf, dem mit 2000 Einwohnern größten Ortsteil von Meuselwitz, unterwegs ist, findet erst auf den zweiten Blick Spuren dieser Geschichte. Zum Beispiel sind die Wälder charakteristisch für Anpflanzungen in Bergbaufolgelandschaften. Inmitten eines dieser Wälder aus schnell wachsenden Laubgehölzen liegt idyllisch der Haselbacher See. Es fällt schwer, sich vorzustellen, dass vor wenigen Jahrzehnten hier noch Kohle aus der Erde gefördert wurde.

Bekannt waren die Braunkohlevorkommen schon seit langer Zeit. Schon im frühen 19. Jahrhundert gab es in der Region eine Reihe kleiner Gruben, die zumeist im Tagebau das begehrte Rohmaterial zur Brennstoffgewinnung förderten. Lag die Kohle unter Tage, verfügten die zumeist als Kleinunternehmer tätigen Grubenbesitzer oft nicht über das nötige Know-How, um eindringendes Grundwasser unter Kontrolle zu halten. Die Industrialisierungswelle brachte einen Aufschwung für die Kohleindustrie, die Dampfmaschinen hatten einen schier unerschöpflichen Brennstoffhunger. Im Meuselwitz-Altenburger Revier lag die Kohleförderung bald in den Händen von großen Gesellschaften, die über das nötige Kapital verfügten, um in die Fördertechnik zu investieren. Der Bau der Eisenbahn ermöglichte zudem einen kostengünstigen Abtransport. Überall in der Region schossen Brikettfabriken wie Pilze aus dem Boden. Nach dem Zweiten Weltkrieg und der Teilung Deutschlands gewann die hier abgebaute Kohle an Bedeutung. Ertragreichere Brennstoffförderregionen wie zum Beispiel das Ruhrgebiet lagen außerhalb des Einflussbereiches

Renaturierter Braunkohletagebau

der DDR-Regierung. In einigen kleineren Gruben neigten sich die Vorräte dem Ende zu. Ein Absinken der Fördermenge – DDR-weit betrachtet – hätte massive Schwierigkeiten für die ohnehin von Problemen belastete Industrie bedeutet. Selbst für die privaten Haushalte konnten die Machthaber ein Ausbleiben der Brennstoffversorgung nicht riskieren, immerhin hatte man gerade die Aufstände der Bevölkerung vom 17. Juni 1953 mühsam unter Kontrolle bringen können. Die Situation verschärfte sich, als das Hochwasser von 1954 Gruben unter Wasser setzte.

Der Beschluss war bald gefasst, die Kohlevorräte im Gebiet zwischen Lucka, Regis-Breitingen und Haselbach sollten gefördert werden. Um so schnell wie möglich erste Lieferungen aus dem Tagebau Haselbach zu erhalten, wurde der sonst übliche Zeitrahmen zur Erschließung gestrafft. Zunächst musste der Kammerforst abgeholzt werden. Damit stieß die Forstverwaltung bereits an ihre Grenzen. Zu wenig und zudem veraltete Technik, Personalsorgen und Schwierigkeiten beim Anschluss an das Netz der Kohlebahnen schufen Probleme beim Start des Tagebaus. Dennoch sollte bald der erste Zug mit Kohle vom Gelände rollen. Geplant war, dass der Tagebau Haselbach Rohstoffe für rund 30 Jahre lieferte. Doch bereits 1977 musste die Förderung eingestellt werden. Im August des Jahres gab es – wie

Paradies für Wassersportler

die Fachleute es nennen – eine Rutschung an der Innenkippe. Ein Absetzer wurde schwer beschädigt. Da die Kosten einer Reparatur in keinem Verhältnis zum Nutzen eines Weiterbetriebes standen, kam für den Tagebau Haselbach das Aus. In den 22 Jahren wurden, so lesen wir in einer Broschüre der »Lausitzer und Mitteldeutschen Bergbau-Verwaltungsgesellschaft mbH« vom Dezember 2011, 126 Millionen Tonnen Rohbraunkohle gefördert. Zurück blieben unter anderem drei sogenannte Restlöcher. Aus dem größten davon entstand nach jahrelanger umfangreicher Sanierung der Haselbacher See. Der Mischwald rund um den See enthält etwa 400 Baumarten, die Gehölze wurden bereits zum Ende der Kohleförderung angepflanzt. Die Flutung begann 1993. Das klingt jedoch einfacher, als es sich in der Praxis darstellt. Zur Sicherung der Wasserqualität waren und sind laufend umfangreiche Maßnahmen notwendig. Davon spüren die Badegäste, Wassersportler und Wanderer natürlich nichts. Die seltenen Vogelarten, die hier heimisch geworden sind, wie Grauammer, Bachpieper oder Heidelerche, finden hier ideale Bedingungen. Durch den See verläuft seit den 1990er Jahren die Landesgrenze zwischen Sachsen und Thüringen. Die Orte auf beiden Seiten haben sich herausgeputzt. Das einst allgegenwärtige Grau ist verschwunden. Heute kommen Menschen vor allem am Wochenende hierher, um Erholung zu finden. Dabei stellen sie fest, dass die Region den atemberaubenden Wandel gut hinbekommen hat.

Betteleiche

Brot für die Mönche

Mülverstedt

35 Bei der Betteleiche handelt es sich um den wohl bekanntesten Baum des Unstrut-Hainich-Kreises. Das Alter des Naturdenkmals wird auf 600 bis 800 Jahre geschätzt, die Experten sind sich nicht ganz einig. Einig ist man sich hingegen in Bezug auf die Einschätzung der Gefahr, die von dem Gehölz ausgeht. Ein Aufenthalt im Kronenbereich ist nicht empfehlenswert, es drohen Äste herunterzufallen. Durch das große Loch im Stamm könnte bequem ein Mensch hindurch gehen. Von Menschenhand wurde es einst in das Holz des Stammes geschnitten. Heute würde eine derartige Veränderung Naturschützer alarmieren, seinerzeit hatte der durch die Aushöhlung des Stammes gewonnene Hohlraum einen durchaus praktischen Nutzen.

Doch der Reihe nach: Zunächst sollte man wissen, dass es auf dem Kamm des Hainich-Höhenzuges am Kreuzungspunkt mit einer alten Handelsstraße seit dem Mittelalter eine kleine Siedlung mit dem Namen Ihlefeld gab. Eine Zollstation trieb zeitweise Gelder von vorbeifahrenden Händlern ein und trug damit zur Aufbesserung der Schatulle der Thüringer Landgrafen bei. Hier in Ihlefeld erwarb das Eisenacher Katharinenkloster Land und Gebäude, um Lebensraum für die Mönche des Franziskanerordens zu schaffen. Die Regeln des Ordensgründers, des Heiligen Franz von Assisi, sahen ein Leben ohne eigenen Besitz vor. Die Existenz der Mönche sollte – vereinfacht gesagt – durch eigener Hände Arbeit bestritten werden. Jedoch war das nicht immer möglich, die Mönche erhielten die eine oder andere Lebensmittelspende von den Bewohnern der Umgebung. Es war bekannt, dass die Ordensleute öfter an der Eiche vorbeikamen und so nutzten die wohltätigen Leute den Baum, um hier diskret ihre Zuwendungen zu platzieren. Zum Schutz für die Nahrungsmittel vor Wind und Wetter schnitt schließlich jemand ein Loch in den Stamm.

Bizarr geformte Eiche

Dieses Loch »wuchs« durch Verwitterung und Fäulnis im Laufe der Jahrhunderte zu seiner heutigen Größe und verschaffte der Eiche ihr markantes Aussehen. Das Schrankfach im Baum wurde bald überflüssig, in den Wirren des Bauernkrieges kam es zur Auflösung des Klosters. In den folgenden Jahrhunderten bewirtschafteten die Herren von Hopfgarten das Land. Das Erscheinungsbild der Gehöfte änderte sich, die jeweiligen Generationen rissen Gebäude ab, fügten

Neues hinzu, bauten um. Nach dem Zweiten Weltkrieg und der Enteignungswelle, die das Land überrollte, fanden zunächst Umsiedler neuen Wohnraum. Später war dort ein Altenheim, danach ein Ferienlager untergebracht. Ein weiterer Umbau zu einem Ferienheim folgte, danach fanden Angestellte der Forstwirtschaft Erholung. Mitte der 1960er Jahre meldete die Armee Anspruch auf das Areal als potentielles Übungsgelände an. Hier sollte fortan der militärische »Ernstfall« trainiert werden. Die Gebäude auf dem Ihlefeld wurden abgerissen, die Betteleiche jedoch überlebte diese Ära.

Der Hainich ist voller Geschichte(n)

Nach der Schaffung des Nationalparks Hainich wurde auf den Grundmauern des Forsthauses eine Schutzhütte für Wanderer errichtet. Vom übrigen Ort sind lediglich noch Reste zu erkennen. Ganz in der Nähe befindet sich ein rätselhaft anmutendes steinernes Kreuz. Jenes »Ihlefelder Kreuz« wurde vermutlich in der ersten Hälfte des 15. Jahrhunderts errichtet. Die auf dem Stein zu sehende Bilddarstellung zeigt die Szene einer Bärenjagd. Dabei sieht es ganz so aus, als hätte das Tier den Sieg im Zweikampf Mensch gegen Bär davongetragen. Ebenfalls interessant ist die in der Nähe befindliche »Eiserne Hand«. Dabei handelt es sich um eine Kopie eines 1554 erstmals erwähnten Wegweisers. Eine Infotafel erläutert den Sinn des geschmiedeten Hilfsmittels aus vergangenen Zeiten.

Zugegeben, heutige Wanderer müssen keine Kollisionen mit Braunbären fürchten. Außerdem ist ein Verirren im Nationalpark relativ unwahrscheinlich in Zeiten, in denen GPS längst die Funktion der richtungsweisenden Eisenfinger übernommen hat. Doch mit etwas Fantasie lässt sich die wechselvolle Geschichte des Ortes im Allgemeinen und speziell der Betteleiche nachvollziehen. Lebensmittelspenden am Ort sind allerdings nicht mehr notwendig.

Buchenwälder im Nationalpark Hainich

Thüringer Urwald

Mülverstedt

36 Geduld ist eine Tugend, die gegenwärtig unter den Menschen wenig verbreitet zu sein scheint. Und so müssen wir lernen, dort, wo es angebracht ist, einfach einmal abzuwarten, nichts zu tun und den Lauf der Dinge zu beobachten. Gerade in der Natur ist es reizvoll, den Prozessen Raum zu geben und Zeit zu lassen. In einer intensiv genutzten, regulierten und kultivierten Umwelt fühlen sich nicht alle Lebewesen wohl, die Artenvielfalt ist in Gefahr, da manches Tier und manche Pflanze schleichend von der Bildfläche zu verschwinden droht.

Bereits im frühen 19. Jahrhundert erkannten Vordenker die Notwendigkeit, Natur zu bewahren und dem Menschen zudem Orte der Erholung und Entspannung zu schaffen. Der Yosemite Nationalpark in Kalifornien und der Yellowstone Nationalpark in den Rocky Mountains gehörten zu den ersten geschützten Gebieten weltweit.

Buchen so weit das Auge reicht

Kühlendes Blätterdach

Mäusebussard

Zwergfledermaus

Die Idee der nationalen Naturlandschaften verbreitete sich relativ schnell, bald wiesen Kanada, Australien und Neuseeland eigene Schutzlandschaften aus. Anfang des 20. Jahrhunderts entstanden die ersten Parks in Afrika, Asien und Europa. Schweden und die Schweiz nahmen die Vorreiterrolle auf dem heimischen Kontinent ein. Zudem wurden Regeln definiert, nach denen der Schutz der Gebiete »funktioniert«. Die IUCN (International Union for Conservation of Nature and National Resources), die als eine Art regierungsunabhängige Weltnaturschutzorganisation zum Beispiel auch mit der »Roten Liste« auf bedrohte Arten aufmerksam macht, hat unter anderem klare Definitionen für den Naturschutz erstellt. Durch die Einteilung in verschiedene Kategorien soll auf den notwendigen Schutz der einzelnen Gebiete individuell eingegangen werden. Die Zahl der Naturschutzgebiete weltweit bewegt sich heute im vierstelligen Bereich. In Deutschland kam die Idee erst 1970 zur Umsetzung. Im Bayerischen Wald wurde damals der erste von heute deutschlandweit 16 Nationalparks eingerichtet. Im Gebiet der ehemaligen DDR gab es bis zur Wiedervereinigung zwar keine ausgewiesenen Nationalparks, allerdings konnten sich in den zahlreichen Sperrgebieten Tiere und Pflanzen relativ ungestört entwickeln. Auch im Hainich

Auch Schmetterlinge lieben die dichten Wälder.

gab es seit den 1930er Jahren durch das Militär gesperrte Flächen. Erst war die Wehrmacht, später die sowjetische Armee Nutzer. Dabei beanspruchte man mehr Flächen, als man eigentlich benötigte und so konnte sich ein Teil des Waldgebietes bereits während der Anwesenheit der Soldaten ungestört naturnah entwickeln.

Zu Beginn der 1990er Jahre zogen die Russen ab, Einblicke in bislang verborgene Areale wurden möglich. Die Idee, das Vorgefundene zu bewahren, entstand. Am Silvestertag des Jahres 1997 wurde das »Gesetz über den Nationalpark Hainich« unterzeichnet. Möglichkeiten und Grenzen der Nutzung sowie Details zum Schutz wurden geregelt. Das Gebiet ist rund 75 Quadratkilometer groß und wird von einer Nationalparkverwaltung in Bad Langensalza kontrolliert. Unsere Idee, sich von Mülverstedt dem Park zu nähern, kann lediglich als Beispiel dienen. Auch in den anderen Orten am Rande des Hainich-Höhenzuges gibt es reichlich Parkmöglichkeiten für die Autos der Besucher. Außerdem bringen mehrere Buslinien vor allem am Wochenende Wanderer und Entdecker bequem zu den interessantesten Punkten. Infos liefert die Homepage www.nationalpark-hainich.de.

Grob gesagt zwei Drittel der Fläche werden von den Rotbuchenwäldern eingenommen, die sich selbst überlassen sind. Ob auf jungen

Ein Wald ohne Eingriffe des Menschen

Bäumchen oder auf abgestorbenem Totholz – hier finden mehrere tausend Tier- und Pflanzenarten Raum zum Leben. Zu nennen wären beispielsweise rund 15 verschiedene Fledermausarten und 500 Holzkäferarten. Auf den ersten Blick jedoch scheinen die allmächtigen Buchen alles zu dominieren. Der Wandel der Jahreszeiten lässt die Wälder ständig in neuem Licht erscheinen. Im Frühjahr bedecken Frühblüher den Boden, Märzenbecher und Bärlauch breiten sich auf großen Flächen aus. Im Sommer spendet das dichte Blätterdach selbst an heißesten Tagen kühlen Schatten. Im Herbst erfreut die Färbung des Laubs die Sinne.

Ein Besuch reicht ohnehin nicht aus, um alles zu erfassen. Spechte, Mäusebussarde, Pirole und Rotmilane fliegen durch die Lüfte, Dachse, Wildschweine und Baummarder streifen durch den Wald, Laubfrösche, Schmetterlinge und Libellen leben friedlich nebeneinander. Man sollte sich Zeit nehmen, zu entdecken, das Werden und Vergehen zu beobachten.

Dreistromstein

Ganz oben auf 812 Metern Meereshöhe

Neuhaus am Rennweg

37 Bei einer Wanderung entlang des Rennsteiges begegnet man einer kaum überschaubaren Zahl an Markierungssteinen. Diese unterscheiden sich in Form und Material. Manche dieser Steine sind stark von der Witterung gezeichnet, während bei anderen die Inschriften noch klar zu lesen sind. Einige sind noch relativ jung, während andere schon seit Jahrhunderten an ihrem Platz stehen. Unter all diesen verschiedenartigen Steinen befinden sich viele Grenzsteine, die einst die thüringischen Mini-Herzogtümer und Fürstentümer voneinander trennten. Im 16. Jahrhundert schien es unter den Oberhäuptern der Kleinstaaten in Mode gekommen zu sein, die Ausdehnung ihrer

Thüringens Wanderweg Nummer 1: der Rennsteig

Markierte einst ein Dreiländereck: der Dreiherrenstein

Herrschaftsbereiche mittels Grenzsteinen kenntlich zu machen. Was zunächst einleuchtend klingt, erwies sich bald als Problem. In relativ kurzen Abständen kam es bis zum Beginn des 20. Jahrhunderts immer wieder zu Erbteilungen, Zusammenlegungen und sonstigen Veränderungen der Grenzen. Oft genügte schon das Fehlen erbberechtigter Nachkommen in diversen Seitenlinien und die thüringischen Landkartenverleger mussten ihre Blätter aktualisieren. Lokalen Steinmetzen waren durch die notwendige Neumarkierung lukrative Aufträge sicher. Wer sich näher mit der Thematik beschäftigen möchte, dem sei ein Besuch im Rennsteigmuseum in Neustadt am Rennsteig empfohlen. Ein Teil der dortigen Ausstellung ist dem »Gesamtgrenzsteinkatalog« gewidmet. Darin sind über 1300 Grenzsteine aufgelistet. Nur ein Teil der Grenzsteine galt der Abgrenzung von Staaten, andere der aufgeführten Objekte hatten die Aufgabe, Forstbezirke oder die Verantwortungsbereiche von Ämtern voneinander zu trennen. Aber auch steinerne Wegweiser sind in dem Papier dokumentiert.

Unter den Grenzsteinen sollen an dieser Stelle die Dreiherrensteine hervorgehoben werden. Diese finden sich an Punkten, an denen die

Grenzen dreier Kleinstaaten aufeinandertrafen. Heute würde man von einem Dreiländereck sprechen. Dreizehn dieser Dreiherrensteine befanden sich einst am oder in direkter Nähe zum Rennsteig. Nicht alle davon sind erhalten, einer ist jedoch in der Nähe von Neuhaus am Rennweg zu bewundern. Aufgestellt wurde das als »Kleiner Dreiherrenstein« katalogisierte Objekt im Jahr 1733, um die Herzogtümer Sachsen-Meiningen, Sachsen-Hildburghausen und das Fürstentum Schwarzburg-Rudolstadt voneinander zu trennen. Entsprechend kunstvoll in den Stein gemeißelte Wappen zeigen, dass man der Kennzeichnung seiner Grenzen durchaus eine hohe Bedeutung einräumte. Bereits 1826 verlor der Stein seine Funktion als Dreiherrenstein wieder, nach der Vereinigung von Sachsen-Meiningen und Sachsen-Hildburghausen wurde er zum einfachen Grenzstein zweier Gebiete. Als Ort für die Aufstellung wurde die Wasserscheide dreier großer Flüsse gewählt. Das ist keine Seltenheit, denn markante Punkte in der Natur, wie zum Beispiel Flussläufe, Gebirgskämme oder eben Wasserscheiden fanden und finden häufig Verwendung bei der Festlegung von Staatsgrenzen.

Zeuge ehemaliger Kleinstaaterei im heute grenzenlosen Europa

In unmittelbarer Nähe des »Kleinen Dreiherrensteins« befinden sich drei Quellen. Der Rambach entspringt nicht weit von hier. Nach ein paar Kilometern fließt er in die Schwarza, diese fließt wiederum in die Saale, welche ihrerseits in die Elbe mündet. Dem Rhein dagegen wird das Wasser des Bächleins namens Gümpen zugeführt – über die Itz und den Main. Und die dritte Quelle schließlich speist die Werra und damit die Weser, die sich Richtung Nordsee ihren Weg bahnt. Es

Bedeutende Wasserscheide: der Dreistromstein

geht schon etwas Besonderes von dem Ort aus. Irgendwie hat man das Gefühl, an einem Punkt zu stehen, an dem die Natur ihre Weichen stellt. Immerhin haben Rhein, Elbe und Weser zusammen ein Einzugsgebiet, welches flächenmäßig die Größe Deutschlands übersteigt.

Werfen wir noch kurz einen Blick auf das Denkmal. Dieses wurde auf Initiative des Rennsteigvereins errichtet und im Jahr 1906 im Rahmen einer Feierstunde geweiht. Es handelt sich um einen dreieckigen Obelisken. Jedem der drei Ströme ist eine Seite gewidmet, an jeder Seite wurden in dem aus Naturstein gemauerten Sockel für den Fluss typische Gesteine verarbeitet. Granit steht als mineralisches Symbol für das Land an der Elbe, Quarz für den Rhein und Grauwacke für die Weser. Aufschriften an jeder Seite informieren über die oben erwähnten Stationen, über die das Wasser seinen Lauf nimmt. Der Dreistromstein ist ein Naturdenkmal, an dem man sich »ganz oben« fühlt – in gerade mal 812 Metern über dem Meeresspiegel.

Grabeiche

Ruhestätte eines Ministers

Nöbdenitz

38 Nöbdenitz ist eigentlich ein ruhiger Ort im Altenburger Land. Die knapp 1000 Einwohner verteilen sich auf fünf Ortsteile. Diese konnten allesamt – wie es im offiziellen Sprachgebrauch heißt – ihren dörflichen Charakter bewahren. Ein paar Industriebetriebe haben sich auch angesiedelt, darunter ein Hersteller von Tankanlagen für Brauereien. Ein Hauptarbeitgeber ist jedoch die Agrargenossenschaft. Diese nutzt einen Teil ihrer Felder zum Anbau von Arzneipflanzen. Mit der großflächigen Kultivierung unter anderem von Kamille und Fenchel hat man sich bei Betrieben der Pharmaindustrie einen Namen als zuverlässiger Rohstofflieferant gemacht. Dennoch, so ist aus der Entwicklung der Einwohnerzahl des letzten Vierteljahrhunderts abzulesen, sehen viele Jüngere keine Perspektive hier und verlassen den Ort. Nöbdenitz ist nun einmal nicht gerade der Nabel der Welt.

Alle paar Jahre zieht der Ort aber dann doch die Aufmerksamkeit auf sich. Grund für die Anreise von Journalisten der überregionalen Medien ist meist das Naturdenkmal des Ortes. In Nöbdenitz befindet sich eine der ältesten Eichen Deutschlands, die zudem noch als Grabmal dient. Pläne, den Baum zu fällen, bewogen 2014 Claudia Becker von der »Welt« dazu, sich vor Ort umzuschauen. Ihr Artikel vom 4. Juni des Jahres widmet sich dem 13 Meter hohen monumentalen Gewächs. Wegen einer Gefährdung für den Straßenverkehr, die von dem Baum ausgehen soll, wird laut über eine Fällung nachgedacht. Die Rede ist auch vom engagierten Kampf der Bürger dagegen. Heute, einige Jahre später, behauptet der Baum immer noch seinen Platz. Dafür wurde der Verlauf der vorbeiführenden Straße geändert. Welcher Baum kann sich schon über so viel Wertschätzung freuen? Störende Koniferen in seinem Umfeld mussten verschwinden. Der Pflegeaufwand für die alte Eiche ist nicht gering, der Stamm wird von eisernen Ringen zusammengehalten sowie durch Stützen am Fallen gehindert. Es scheint, als versuchte man verzweifelt gegen den Lauf der Natur, gegen den Verfall, gegen das Unausweichliche zu kämpfen. Und irgendwann wird man diesen Kampf verlieren.

Charakteristisch für »Tausendjährige Eichen« ist ihr Alter, welches eben in der Regel weit darunter liegt, als der Name glauben machen will. Auch das Nöbdenitzer Gewächs wird auf 700 bis 800 Jahre geschätzt. Genauere Datierungen sind nicht möglich, das morsche Innere des Stammes verhindert ein Zählen der Jahresringe. Holz zerstörende Schädlinge leben bereits seit mindestens einem halben Jahrtausend auf Kosten des Baumes. Im Kirchenbuch der örtlichen Pfarrei ist bereits 1598 ein Eintrag zu finden: »Ein hohler Eichenbaum, stammet noch aus heidnischer Zeit«, vermerkte der damalige Chronist. Ein Blitzschlag vor rund zwei Jahrhunderten zerstörte große Teile des Baumes. Die Krone brach auf etwa zehn Metern Stammeshöhe, mehrere starke Äste fielen herab.

Bald darauf wurde der Baum ein Grabmal. In den 1950er Jahren ging der örtliche Heimatforscher und Lehrer Ernst Bräunlich der Sache auf den Grund – und fand ein Skelett. Es handelt sich dabei, wie bereits vermutet wurde, um die sterblichen Überreste von Hans Wilhelm von Thümmel. Dieser verstarb am 1. März 1824 »und wurde«, so lesen wir in »Pierers Universallexikon«, erschienen in Altenburg 1863, »in Nöbdenitz, einem seiner Güter, in einem unter den Wurzeln einer uralten Eiche ausgemauerten Grabe sarglos auf einer Moosbank liegend begraben«. Beim Versuch, sich mit der Person des Begrabenen zu beschäftigen, fällt auf: Von Thümmel wird auf den meisten Porträts freundlich lächelnd dargestellt. Bemerkenswert, denn zu jener Zeit wurden bedeutende Persönlichkeiten in der Regel mit ernster Miene auf der Leinwand verewigt. Hans Wilhelm von Thümmel erblickte 1741 das Licht der Welt, wurde nach einem Studium in Leipzig Bediensteter am Gothaer Hof. Er brachte Projekte zur Verbesserung der Lage der Ärmsten auf den Weg und tat einiges für die Verschönerung von Gotha und Altenburg. Einige Bauten in beiden

Gefährdetes Baumdenkmal

Städten entstanden auf seine Initiative hin. Ein weiterer Karriereschritt brachte ihn in das Amt eines Ministers. Er bewies als Diplomat Verhandlungsgeschick, unter anderem mit Napoleon. Die letzten sieben Jahre seines Lebens verbrachte er auf seinem Gut in Nöbdenitz und wählte schließlich die alte Eiche als den Ort seiner letzten Ruhe.

Vom Wohnsitz der Familie hat nur wenig die bewegten Zeiten überlebt. Das »Neue Herrenhaus« und das als Begräbnisstätte der Familie dienende Mausoleum wurden in den Jahren nach der Bodenreform abgerissen. Lediglich das »Alte Herrenhaus« und ein paar Nebengebäude verblieben und beherbergen heute Gemeindeamt und Kindergarten. Noch erinnern Eiche und Grabmal an den einstigen Staatsmann. Hoffen wir, dass dem Baum noch etwas Kraft verbleibt, hoffen wir, dass die Eisenringe halten.

Schützenbergmoor

Trockenen Fußes durch den Morast

Oberhof

39 »Oh, schaurig ist's übers Moor zu gehn, / Wenn es wimmelt vom Heiderauche, / Sich wie Phantome die Dünste drehn / Und die Ranke häkelt am Strauche, / Unter jedem Tritte ein Quellchen springt, / Wenn aus der Spalte es zischt und singt – / Oh schaurig ist's übers Moor zu gehn, / Wenn das Röhricht knistert im Hauche!« Annette von Droste-Hülshoff ist mit ihrer 1842 erschienenen Ballade »Der Knabe im Moor« kein Einzelfall. Seit jeher beflügelten Moore mit ihrer düsteren unheilvollen Atmosphäre die Fantasie der Künstler. Es überrascht zum Beispiel nicht, dass die Vertreter des Impressionismus sich mit ihrer Künstlerkolonie ausgerechnet in Worpswede in der Nähe eines Moores ansiedelten. Moore werden oft als finstere, gefährliche Orte dargestellt. Eine Ursache mag auch darin liegen, dass die Zahl der nebligen Tage in Mooren im Durchschnitt höher liegt als in der Umgebung. Zudem sorgten in früheren Zeiten Geschichten von Menschen, die einfach im Moor verschwanden, zumindest für Verunsicherung. Es ist wohl wahr, dass in Mooren Vorsicht geboten ist. Besonders größere Wasseransammlungen können durchaus eine Gefahr darstellen. Doch viele der in den Mooren gefundenen Leichen sind anderen Todesursachen erlegen. In früheren Jahrhunderten »entsorgten« zum Beispiel Mörder ihre Leichen gern im Moor, nutzten die Tatsache, dass ihnen mit den damaligen kriminaltechnischen Methoden nur schwer auf die Spur zu kommen war. Autoren von Krimis greifen die Tatsache auf und wählen Moore gern zu Schauplätzen der Romanhandlung.

Wenden wir uns stattdessen einer erfreulicheren Seite zu. Denn Moore sind nicht zuletzt Orte der Stille, Orte, an denen sich die

Bizarre Moorlandschaft

Artenreiche Pflanzenwelt

Natur ungestört entfalten kann. »Es war eine endlose Weite, in der kein Gegenstand sich über Kniehöhe erhob und die Horizontlinie weithin durch das Moor selbst gezirkelt wurde. Sammetgrüne, olivfarbene, rostbraune und blutrote Moospolster bildeten das farbenprächtige Muster des weichen schwellenden Teppichs, über den der Fuß auf Dauer nur mühsam zu schreiten vermochte und mit jedem Schritt Wasser aus dem saugenden Riesenschwamm herauspresste. Es war eine Landschaft, in der Erhabenheit und Schönheit mit dem Grauen einer trostlosen Öde dicht nebeneinander wohnten«, schrieb der Botaniker Heinrich August Rudolf Griesbach vor rund 150 Jahren.

Heute gelten Moore in erster Linie als bedrohte, schützenswerte Lebensräume. Auch das Schützenbergmoor erhielt bereits 1967 den Status eines Naturschutzgebietes. Zu finden ist das rund fünf Hektar große Hochmoor zwischen Oberhof und Zella-Mehlis in 890 Metern Meereshöhe, bequem erreichbar über einen Wanderweg. Insgesamt gibt es gut 300 Moore unterschiedlichen Typs im Thüringer Wald. Bei rund einem halben Dutzend davon handelt es sich um durch Regenwasser gespeiste Hochmoore. Im Schützenbergmoor ist es in der Regel

Vom Weg abweichen kann unangenehm werden.

kühler und feuchter als in der Umgebung. Besonders im Frühjahr und Herbst hüllt der sprichwörtliche Nebel das Areal ein. Um interessierten Besuchern einen Einblick in die einzigartige Tier- und Pflanzenwelt zu verschaffen, ohne dass dabei der empfindliche Boden zertreten wird, wurde in den 1990er Jahren ein gut 200 Meter langer Rundweg aus Holzbalken geschaffen. Dieser für Thüringen einzigartige Lehrpfad ermöglicht einen Blick auf Rundblättrigen Sonnentau, Moosbeere, Wollgras sowie andere moortypische Pflanzen. Wer Glück hat, kann einen Grasfrosch, eine Waldeidechse oder eine Erdmaus entdecken. Auf jeden Fall sollte man sich Zeit nehmen, beobachten, offen sein für die vielen Details, die der Ort bereithält. Oder, wie es Rainer Maria Rilke in seinem Buch über Worpswede im Jahr 1902 zum Ausdruck gebracht hat: »Es ist so vieles gemalt worden, vielleicht alles. Und die Landschaft liegt unverbraucht da wie am ersten Tag.«

Ängstliche Gemüter sollten für einen Rundgang durchs Schützenbergmoor jedoch einen hellen, sonnigen Tag wählen, um nicht mit Droste-Hülshoffs Worten aus eingangs zitierter Ballade resümieren zu müssen: »Ja im Geröhre war's fürchterlich / O schaurig war's in der Heide!«

Plothener Teiche

Finnland-Feeling

Plothen

40 Naturdenkmale, aber auch einfach schöne, sehens- und schützenswerte Orte unter freiem Himmel existieren nicht isoliert von ihrer Umgebung. Und da Landschaft gewissermaßen Allgemeingut ist, treffen oft unterschiedliche Interessen aufeinander. Gegensätzliche Vorstellungen von der Nutzung sind abzuwägen und Wünsche mit den Möglichkeiten in Einklang zu bringen. Gespräche mit dem Ziel, Kompromisse zu finden, sind notwendig. Ein Beispiel für behutsames Umgehen mit der Natur ist das Gebiet der Plothener Teiche, eine einzigartige Landschaft im Saale-Orla-Kreis. Der NABU berichtet in seiner Schrift »Naturschutz heute« im Heft 4 des Jahres 2006 über die Abwägung ökologischer, landwirtschaftlicher und touristischer Interessen in dem etwa 75 Quadratkilometer großen Gebiet zwischen den Dörfern Plothen, Knau und Dreba. Die drei

Im Land der tausend Teiche

Thüringens wohl bekanntester Pfahlbau

kleinen Orte haben zusammengerechnet gerade einmal 1000 Einwohner, die Landwirtschaft prägte und prägt das Erwerbsleben in der dünn besiedelten Region. Zu DDR-Zeiten befand sich eine der größten Schweinemastanlagen des Landes in unmittelbarer Nähe. Bis zu 180 000 Ringelschwänze standen hier dicht an dicht. Das Schlachtvieh bereicherte den Speisezettel der Bewohner des »Arbeiter- und Bauernstaates«, hinterließ jedoch Schäden an Luft, Boden und Wasser. Umweltbewusste Menschen engagierten sich Ende der 1980er Jahre für die Schließung der Anlage. Die Bürgerinitiative erreichte ihr Ziel – und ein paar hundert Beschäftigte standen ohne Arbeit da. Dafür konnte das Gebiet renaturiert werden und ökologisch gesunden.

Die Natur hat sich relativ schnell erholt, mittlerweile stehen Teile des Gebietes, darunter ehemalige Güllebecken des Schweinemastkombinates, unter Naturschutz. Hier, so informiert der NABU in eingangs erwähntem Artikel, brüten Wasserralle, Teichralle und Tümpelsumpfhuhn. An manchen der Teiche findet der aufmerksame Beobachter Blesshuhn, Haubentaucher, Graureiher, Fischadler und verschiedene Störche. Für Hobby- und Profiornithologen wurden Beobachtungstürme errichtet.

Angelegt wurden die Teiche vermutlich von Mönchen einer nahe gelegenen Abtei. Die hier gezüchteten Fische landeten zu großen Teilen in den Töpfen und Pfannen der Klosterküche. Zwischen 1500 und 2000 Teiche waren es einst, heute sind es etwa 500 bis 600. Das sind immer noch genügend, um sich an finnische Landschaften erinnert zu fühlen. Die intensive Fischwirtschaft hat Spuren hinterlassen, einige Uferbereiche wurden vom Schilf befreit. Eine Besonderheit ergibt sich noch aus der Lage. Da das ganze Teichgebiet auf einer Hochfläche liegt, gibt es keine Bäche als Zufluss für die Teiche. So ist man ausschließlich auf die Nutzung von Regenwasser angewiesen.

Der Hausteich, das größte der Gewässer, nimmt eine Fläche von etwa 28 Hektar ein. Dort steht das vor ein paar Jahren grundlegend sanierte jahrhundertealte Pfahlhaus. Inzwischen gilt das Bauwerk auf seinen etwa 90 Holzpfählen als Wahrzeichen des Teichgebietes. Zu DDR-Zeiten lagerte man in dem Bauwerk unter anderem Fischfutter, heute informiert darin ein kleines Museum. Angereiste Gäste, die die Vorteile des »sanften Tourismus« zu schätzen wissen und die mit der für dünn besiedelte Gebiete eher unterdurchschnittlichen Verkehrsinfrastruktur leben können, wird einiges geboten. Ein Netz an Rad- und Wanderwegen lädt zur Erkundung ein, Angler können ihrem Hobby frönen.

Im Herbst werden jeweils einige der Teiche abgelassen. Die Fischer waten dann durch den Schlamm und ziehen die Karpfen heraus. Während dieser Zeit scheint die ganze Bevölkerung der Umgebung mit dem »Ernten« der Fische beschäftigt zu sein. Alle zwei Jahre ist auch der Hausteich dran.

Ein ganz anderes Schauspiel findet ein paar hundert Meter nordwestlich statt. Am sogenannten Starenteich fliegen im August und September täglich bei Sonnenuntergang eine Unmenge an Staren aus dem Wald Richtung Wasser, um im Schilf einen Schlafplatz für die Nacht zu finden. An diesen Tagen ist der Luftraum über dem etwa einen Hektar großen Teich unter Kontrolle der riesigen Vogelschar. Nicht nur Ornithologen sind fasziniert.

Steinerne Rose

Eine Blüte für die Ewigkeit

Saalburg-Ebersdorf

41 »Ja, gewiss wird die Rose weit mehr Freunde als Gegner haben. Sie wird sowohl jetzt geehrt, als sie in der Vergangenheit geehrt wurde. Ihr Bild zu vergleichen ist das gebräuchlichste, mit ihrer Farbe wird die Jugend und Schönheit geschmückt, man umringt Wohnungen mit ihr, ihr Geruch wird für ein Kleinod gehalten und als etwas Köstliches versendet«, schwärmt der Dichter und Naturfreund Adalbert Stifter 1857 in seinem Roman »Nachsommer« über die Königin der Blumen. Rosen faszinierten die Menschen schon seit ewigen Zeiten, inspirierten nicht wenige Künstler. Ob in Öl auf der Leinwand oder mit nur wenigen Bleistiftstrichen auf dem Papier, ob in ausgefeilten Reimen oder in kunstvoller Prosa, die Rose dient als Symbol für Schönheit, Freude und Liebe, steht für Jugend – aber eben auch für Vergänglichkeit. Weitgehend unvergänglich ist dagegen die Rose

Für Botaniker zweitrangig

Eine Rose aus Stein

in Saalburg-Ebersdorf, dafür fehlt allerdings der betörende Duft. Aus Stein entstanden, aus lebloser Materie geformt und dennoch lebendig wirkend, ist sie eine Augenweide. »Die Steinerne Rose ist im Mitteldevon als kugeliger Diabas eruptiv entstanden. Er zerfällt bei seiner Verwitterung in konzentrische Schalen und erhält dadurch die Rosenform«, informiert vor Ort die Tafel der Kreisnaturschutzverwaltung Schleiz – und setzt damit einiges Fachwissen voraus. Zur Erläuterung: Die Ära des Mitteldevon liegt etwa 390 Millionen Jahre zurück. Damals befanden sich weite Teile des heutigen Thüringen unter dem Wasserspiegel eines urzeitlichen Meeres. Ein am Meeresgrund ausgeflossener Lavastrom bildete entsprechende kissenartige Körper. Vereinfacht kann man sagen, dass sich unter dem Einfluss der Witterung in den Jahrmillionen die heutigen Formen herausgebildet haben. Geologisch tiefer interessierten Lesern sei an dieser Stelle ein Blick in entsprechende Fachpublikationen empfohlen.

An dieser Stelle wollen wir uns lieber mit dem ästhetischen Wert unseres Naturdenkmals beschäftigen. Die Wohlgestalt der »Steinernen Rose« ist sogar den entscheidungsbefugten leitenden Beamten der DDR-Post aufgefallen. Im Jahr 1977 wurde das Felsgebilde auf einer 35-Pfennig-Briefmarke abgebildet.

Jedes Jahr ruft die Heinz Sielmann Stiftung EUROPARC Deutschland e.V. zur Wahl der schönsten Naturwunder der Republik auf. Im Jahr 2013 befand sich unter den eingereichten Vorschlägen auch die »Steinerne Rose«. Gut – bei entsprechenden Online-Abstimmungen spielt neben der objektiven Bewertung der vorgeschlagenen Orte der Lokalpatriotismus keine geringe Rolle. Die Verwaltungen der Regionen, in denen die Naturwunder-Kandidaten »zuhause« sind, mobilisieren auf allen möglichen Wegen Menschen, um möglichst viele Stimmen zu erhalten. Unsere Steinrose konnte sich am Ende den zweiten Platz unter immerhin zwanzig Mitbewerbern sichern und damit mehr als jede dritte abgegebene Stimme für sich gewinnen. Den Sieg trug damals der »Rauhe Kulm«, ein Berg in der Nähe des oberpfälzischen Neustadt an der Kulm, davon. Kurios ist, dass sich ein paar hundert Meter neben der Saalburg-Ebersdorfer Rose ebenfalls ein Berg namens Kulm befindet.

Zu finden ist unser Naturdenkmal übrigens zwischen den Ortsteilen Kloster und Gräfenwarth an der Landstraße L1095 in der Nähe einer ehemaligen Eisenbahnbrücke. Zum Bleilochstausee sind es ebenfalls nur ein paar hundert Meter. Die Gegend eignet sich hervorragend zum Wandern, der Platz an der Steinrose bietet sich für eine Rast geradezu an. Dass dabei ein respektvoller Umgang mit der von der Natur geschaffenen kunstvollen Skulptur zu pflegen ist, versteht sich von selbst. Denn die »Steinerne Rose« ist – abgesehen von ein paar kleineren Exemplaren am Ronneburger Schlossfelsen – einzigartig. Einerseits symbolisiert sie Ewigkeit und wirkt dennoch filigran und zerbrechlich. Gleich ihren Artgenossen aus der belebten Natur wirkt sie voller Kraft und Leben, so als warteten in ihrem Inneren neue Blätter nur darauf, hervorzusprießen. Und doch fällt mir in diesem Zusammenhang ein Zitat von Sigmund Freud ein. Der berühmte österreichische Psychoanalytiker meinte einst etwas ernüchtert: »Blumen anschauen hat etwas Beruhigendes. Sie kennen weder Emotionen noch Konflikte.«

Feengrotten

Farbenspiel im Reich der Fabelwesen

Saalfeld

42 Einst herrschte am Rande des Thüringer Waldes Goldgräberstimmung. Besonders im 16. Jahrhundert zogen viele Glücksritter los, um nach edlen Erzen zu graben. Auch im Arnsgereuther Tal, praktisch vor den Toren Saalfelds, hoffte man auf Kupfer oder Silber. Vergebens, wie sich bald herausstellte, stattdessen fand man Alaunschiefer und Vitriole. Alaun fand Verwendung unter anderem in der Papierherstellung und beim Gerben von Leder. Vitriole dienten dem Färben von Textilien und waren Bestandteil in Pflanzenschutzmitteln. Man beschloss, vielleicht ein wenig enttäuscht, mit dem Abbau zu beginnen. Wirklichen Wohlstand konnten die Betreiber der Bergwerksanlagen nicht erzielen, darauf deuten nicht zuletzt die häufigen

»Jeremias Glück« …

Besitzerwechsel der Gruben hin. Dennoch blieben die Förderung und die in unmittelbarer Nähe errichtete Vitriol-Siedehütte lange Zeit in Betrieb. Im Zeitalter der Industrialisierung im 19. Jahrhundert schließlich kam der Abbau zum Erliegen. Für Alaun und Vitriol hatte man längst billigere, synthetisch hergestellte Alternativen entwickelt. Der Bergbau wurde dadurch unrentabel.

Anfang des 20. Jahrhunderts erinnerte man sich an den verlassenen Stollen. Eine Erkundung sorgte für allgemeines Erstaunen. Im Laufe der Jahrzehnte hatte das mineralhaltige Wasser in der Grube eine faszinierende Tropfsteinwelt geschaffen. Aus ersten Überlegungen, die Anlage der Öffentlichkeit zugänglich zu machen, wurden bald konkrete Pläne. Die eingehende Erforschung führte zur Entdeckung eines weiteren prächtigen Hohlraumes, des heutigen »Märchendoms«. Ein Berliner Bankkaufmann war es, der den Ausbau zur Schauanlage vorantrieb. Am 31. Mai 1914 fand die feierliche Eröffnung statt. Der auch philosophisch aktive Biologe Ernst Haeckel soll bei dieser Gelegenheit gesagt haben: »Lägen diese Grotten nicht in Deutschland, sondern etwa in Amerika, wäre man längst aus aller Welt dorthin

… und seine Formen- und Farbenwelt

Die heilende Wirkung des Bergwerkklimas ist nicht zu unterschätzen.

gereist.« Gut, es gibt auch heute bekanntere Tourismusziele. Doch Touristen, die immer auf der Suche nach neuen Superlativen sind, sollten mal im Guinness-Buch der Rekorde nachschlagen. Im Jahr 1993 erklärten die für die Rekorde zuständigen Redakteure nach eingehenden Untersuchungen die Feengrotten zur farbenprächtigsten Tropfsteinhöhle der Erde. Maßgeblichen Anteil daran haben die hier vorhandenen Minerale, über 45 verschiedene konnten bisher nachgewiesen werden.

In den ersten 100 Jahren haben sich etwa 18 Millionen Besucher von dem Farbenspiel überzeugt. Ernst Haeckel wäre mit den heutigen Gästezahlen wohl recht zufrieden. Jeder der Besucher hat dabei etwa 120 Stufen zurückzulegen, der Rundgang unter der Erde ist rund 550 Meter lang und erstreckt sich über drei Etagen.

Die Feengrotten, ein Naturdenkmal, das nicht planmäßig von Menschenhand geschaffen wurde und doch ohne menschliche Einwirkung so nicht entstanden wäre. Neben den Mineralien trug das Klima zur Entstehung der Stalaktiten und Stalagmiten bei. Ganzjährig

Stalaktiten oder Stalagmiten?

herrschen hier im ehemaligen Bergwerk »Jeremias Glück« zehn Grad und eine Luftfeuchtigkeit von 98 Prozent. Zudem ist die Luft im Berg absolut staub-, ozon-, keim- und allergenfrei und ionisiert durch einen (ungefährlichen) Hauch von Radioaktivität. Damit herrschen Bedingungen, die sich förderlich auf die Gesundheit auswirken können. In einem entsprechenden Heilstollen erhalten Menschen unter anderem mit Erkrankungen der Atemwege oder Hauterkrankungen Anwendungen zur Ergänzung der Schulmedizin, die zur Linderung der Beschwerden beitragen können. Die Termine sind sehr gefragt und sollten vorab gebucht werden.

Die Feengrotten – eine Welt aus Stein, die doch durch ihr Farben- und Formenspiel sehr lebendig wirkt, fasziniert zurzeit jedes Jahr eine sechsstellige Zahl an Besuchern. Neben einer Führung durch die ehemalige Bergwerksanlage vermittelt ein Blick in das angeschlossene Museum auf lebendige Weise Informationen rund um das Thema. Und wer ein wenig Fantasie mitbringt, begegnet dann vielleicht doch einer Fee.

Bohlen

Wo Geologen leuchtende Augen bekommen

Saalfeld

43 An der Bohlenwand bei Saalfeld fährt kaum jemand einfach so vorbei. Für Geologen ist die sich stellenweise fast senkrecht neben der B 85 erhebende Felswand ein Forschungsobjekt ersten Ranges, für Laien ist die gigantisch wirkende Steinfront einfach nur schön anzuschauen. Im Jahr 2006 fand der 800 Meter lange und 100 Meter hohe geologische Aufschluss Eingang in die Liste nationaler Geotope. Die Akademie für Geowissenschaften und Geotechnologien in Hannover veranstaltete im Vorfeld dazu einen Wettbewerb. Aus den eingereichten Vorschlägen entstand die Auflistung mit über 70 Geotopen, also Gebilden der unbelebten Natur, welche Einblicke in die Erdgeschichte inklusive der Entstehung und Entwicklung des Lebens vermitteln und idealerweise über eine besondere natürliche Ausprägung

Steinfront, die Geologen schwärmen lässt.

Die Felsen erzählen Erdgeschichte.

verfügen. Fachleute sind sich einig: Die Bohlenwand hat ihren Platz auf dieser Liste mehr als verdient.

In den Fokus der Wissenschaft gelangte der Bohlen bereits im 18. Jahrhundert, erhalten ist eine Abhandlung aus jener Zeit. Jahrzehnte später widmete Reinhard Richter, ab 1837 Lehrer und später Direktor der Realschule Saalfeld, sein wissenschaftliches Interesse ebenfalls dem Naturdenkmal unmittelbar vor den Toren seiner Heimatstadt. Dabei interessierte ihn vor allem die zeitliche Zuordnung der Gesteinsschichten und der fossilen Funde. Der Geologe Johannes Walther wählte eine Abbildung des Bohlen sogar zum Titelmotiv eines von ihm herausgegebenen, 1910 erschienenen Lehrbuchs. Walther, 1860 in Neustadt/Orla geboren, studierte Botanik, Philosophie und Zoologie, später noch Geologie und Paläontologie. In den beiden letztgenannten Fächern galt er als einer der bedeutendsten Vertreter seiner Zeit. Er wirkte unter anderem an der Kartografie der Alpen mit und arbeitete auf dem Gebiet der Meeresgeologie. Über den Bohlen schrieb er: »Wegen seiner Versteinerung, aber noch mehr wegen des wunderbaren Faltenbaus ist besonders das Profil berühmt, das die Saale am Bohlen, östlich von Saalfeld angeschnitten hat.« Bereits 1938 stellte man den Bohlen unter Naturschutz. In seinem rund zwei Jahrzehnte zuvor erschienenen Buch »Geologie der Heimat« schwärmt Walther weiter: »Die Saale … fließt über Obernitz am Fuße des Bohlen vorbei, in dem sie hier ein glänzendes Profil entblößt: Oberdevonische Kalke und Schiefer steigen in einer engen Falte 80 Meter empor, senken sich wieder hinab zum Fluss und gipfeln in einer zweiten Falte von etwas komplizierterem Bau.« Einer Lehrbuchzeichnung gleich sind an manchen Stellen die Schichten des Gesteins klar zu erkennen. Mancher Geologe wird sich an eine Exkursion aus Studientagen erinnern – und an die Schweißtropfen, die während der Ausarbeitung des Exkursionsberichtes geflossen sind.

Datiert sind die Gesteinsschichten unter anderem auf die Ära des Mitteldevon und des Unterkarbon, weisen also ein Alter zwischen 340 und 385 Millionen Jahre auf. Genaueres verrät ein 2009 an der B 85 errichtetes Aussichtspodest, dort sind Details nachzulesen und ein erklärender Zeitstrahl zu finden. Nicht unbedeutend sind auch die hier gefundenen Spuren von Leben. Einerseits stieß man auf eine Reihe von Fossilien, andererseits erzählen zum Beispiel Grabfunde von menschlichem Leben in der Steinzeit. Eine sehenswerte Ausstellung dazu finden Interessierte in der Obernitzer Heimatstube. Die Rotfärbung des Gesteins ist übrigens auf den Eisengehalt zurückzuführen. Das Gebiet eignet sich hervorragend zum Wandern, zu entdecken sind dann auch Relikte bergbaulicher Nutzung. Am Nordwest-Ende ist noch das Mundloch eines Stollens zu sehen, wo einst – ähnlich der Feengrotten-Zeche »Jeremias Glück« – Alaun gefördert wurde. An anderer Stelle, im Obernitzer Plattenbruch, wurde bis in die 1930er Jahre hinein Kalkstein abgebaut. Dieser wurde unter anderem zu Gehweg-, Fassaden- oder Sockelplatten verarbeitet. Neben Pflanzen wie dem Sandfingerkraut, dem Kalkblaugras oder der gewöhnlichen Zwergmispel schätzen auch Tiere den außergewöhnlichen Lebensraum. Im Fels brütet der Uhu, zwischen den Steinen zeigen die fast schon als Bohlen-Maskottchen geltenden Ziegen ihre Kletterkünste.

Tanzlinde

Der grüne Festsaal

Sachsenbrunn

44 Sachsenbrunn hat ein eigenwilliges Wahrzeichen. Was für Paris der Eiffelturm ist, ist für den Ort mit seinen rund 2000 Einwohnern im Landkreis Hildburghausen die Tanzlinde. Voller Stolz pflegen die Menschen in Sachsenbrunn ihr Symbol, immerhin ist die Sommerlinde an der Werra schon rund doppelt so alt wie die Stahlkonstruktion an der Seine. Tanzlinden haben eine lange Tradition in der Region. Dennoch gibt es heute nicht mehr allzu viele davon. Besondere Verbreitung fand die Tanzlinde in den Dörfern Südthüringens und Frankens.

Der Weg vom Setzling zur Tanzlinde ist arbeitsreich. Bereits nach der Pflanzung wird damit begonnen, die Form der Bäume planmäßig anzulegen. Dabei werden durch einen gezielten Schnitt nicht benötigte Zweige entfernt. Die verbliebenen Äste werden mit Stützen und Seilen so geleitet, dass sich auf gleicher Höhe in jede Richtung

Auf den ersten Blick eine ganz normale Linde

Außen Baum – innen Festsaal

ein starker Ast möglichst waagerecht entwickeln kann. Sind diese Äste stark genug, wird auf dem nunmehr entstandenen Astkranz ein Podest aus Brettern errichtet. Das Podest dient als Tanzfläche und bietet gleichzeitig den Musikern Platz. Ein paar Meter höher wird ein zweiter Kranz aus Ästen benötigt. Auch hier sind wieder Leitelemente aus Stahl oder Seile notwendig, um die Äste zu einem waagerechten Wuchs zu zwingen. Dieser zweite, obere Astkranz bildet ein schützendes Blätterdach für die feiernde Gesellschaft. Und gefeiert hat man schon immer gern im Freien. Sobald der Frühling ein frisches, grünes Blätterdach an die alten, knochigen Äste gezaubert hat, lud man vielerorts zum Tanz in den Mai. Erst als nach den Erntedank- und Kirmesfeierlichkeiten die Abende herbstlich kalt wurden, wurde es ruhiger an den Linden.

Die Planung einer Tanzlinde erfordert einen langen Atem. Von der Pflanzung des Baumes bis zur Montage des Tanzbodens konnte durchaus schon mal ein halbes Jahrhundert vergehen. Immerhin hatten die Bäume einiges an Gewicht zu tragen. Auch wenn die hölzerne Tanzfläche am Boden mit zusätzlichen Stützen verankert wurde, bewegt sich das Gewicht der Festgesellschaft im Bereich von Tonnen. Die Tanzlinde von Sachsenbrunn wurde, so schreibt Renate Hofmann auf der

Homepage des Ortes, in den Jahren nach dem Dreißigjährigen Krieg gepflanzt. »Im Inventarium der Sachsenbrunner Gemeinde des Jahres 1662«, so die Ortschronistin, »sind ›zwey Lindlein‹ erwähnt«. Eine davon soll aller Wahrscheinlichkeit nach die heutige Tanzlinde sein. Sogar die Errichtung des Tanzbodens im 18. Jahrhundert lässt sich noch mit Rechnungen belegen.

Tanzlinden befinden sich in der Regel an zentraler Stelle im Ort, der Dorfplatz und die Kirche sind meistens nicht weit entfernt. Etwa ein halbes Dutzend »betriebsbereiter« Tanzlinden findet man heute in Thüringen und Franken. Bei dem Exemplar in Sachsenbrunn dürfte es sich wahrscheinlich um die Älteste handeln. Da für die Nutzung als Tanzlinde fortlaufend Schnitt- und Erziehungsmaßnahmen notwendig sind, gibt es natürlich auch Linden, auf denen in früheren Jahrhunderten getanzt wurde, welche aber nach Ausbleiben der Pflegearbeiten zu ihrer natürlichen Kronenform zurückgefunden haben. Eine besondere Tanzlinde befindet sich übrigens in Peesten in der Nähe des oberfränkischen Kulmbach. Das dortige Exemplar ist noch relativ jung, wurde als Ersatz für den in die Jahre gekommenen Vorgängerbaum erst kurz nach dem Zweiten Weltkrieg gepflanzt. Noch in den 1980er Jahren bot der Baum ein kurioses Bild, die steinerne Treppe führte ins Leere und die Stützen hatten keine Last zu tragen, denn die Tanzfläche gab es noch nicht. Heute jedoch ist der Baum ein echter Blickfang – als einzige Tanzlinde in Viereckform.

Im Übrigen sollten Sie durchaus einmal genauer hinschauen, wenn Ihnen irgendwo ein eifriger Fremdenführer einen Baum als Tanzlinde beschreibt. Unter manchen Bäumen wird getanzt, ohne dass das charakteristische Gerüst vorhanden ist. Andererseits gibt es geformte Bäume ohne nachweisbare Tanztradition.

Aber zurück nach Sachsenbrunn: Unser Veteran ist rund 13 Meter hoch. Doch es gibt auch Bestrebungen, die Tradition weiterleben zu lassen. Vielerorts werden Nachwuchsbäume herangezogen. Spaßvögel sprechen in diesem Zusammenhang von der Thüringer Version der Bonsai-Kultur.

Linden am Klüschen Hagis

Schatten an der kleinen Klause des Hagens

Schimberg

45 Die Männerwallfahrt am Himmelfahrtstag beeindruckt selbst Nicht-Katholiken. Jedes Jahr pilgern Gläubige in großer Zahl zur kleinen Kirche am Nordrand des Eichsfelder Westerwaldes, etwas versteckt gelegen an der Straße zwischen Wachstedt und Martinfeld. Doch auch bei anderen Gelegenheiten pilgern Menschen zu dem Gotteshaus. Beispielsweise gibt es im Juli eine Trachtenwallfahrt, an Maria Himmelfahrt am 15. August eine »Magdeburger Fußwallfahrt« und im September eine Rentnerwallfahrt. Die Linden neben der vor vermutlich rund 700 Jahren errichteten Kirche, die einstige Dorfkirche des seit dem Spätmittelalter nicht mehr existierenden Ortes Neuenhagen, könnten vieles berichten.

Im Eichsfeld wird der Glaube noch stärker gelebt als anderswo. Erstmals namentlich erwähnt wurde das Eichsfeld im Jahr 897. Im 11. Jahrhundert begannen die Mainzer Kurfürsten mit dem schrittweisen

Schattenspender für die Gläubigen

Wallfahrtsort im Eichsfeld

Erwerb der Ländereien. Ab dem 12. Jahrhundert wurden zahlreiche Klöster gegründet. Die Erhebungen des Bauernkrieges und die Reformation machten auch vor dem Eichsfeld nicht Halt, doch rund ein halbes Jahrhundert danach fanden die Menschen mehrheitlich zum katholischen Glauben zurück. Maßgeblichen Anteil hatten die vom Mainzer Erzbischof ins Eichsfeld gesandten Mitglieder des Jesuitenordens, welche die Menschen mit ihren Predigten zu begeistern wussten. Als nach der Ära Napoleon Europa neu geordnet wurde, ging das Eichsfeld an das protestantische Preußen, war fortan praktisch eine religiöse Exklave. Hinzu kam eine Teilung des historischen Gebietes des Eichsfeldes, ein Stück fiel an das Königreich Hannover, der Rest wurde der Provinz Sachsen zugeordnet. Zwar verblieben beide Teile unter dem Dach Preußens, doch ist vorstellbar, dass in diesen historischen Fakten ein Grund für die ausgeprägte Identifizierung der hier lebenden Menschen mit dem Begriff »Eichsfeld« liegt. Man begann, enger zusammenzurücken, sah sich nie recht als Teil Preußens – und beharrte auf dem eigenen Glauben. Diese Form des Widerstandes war schwer zu beweisen und noch schwerer zu brechen, daher bestand die Antwort der preußischen Regierenden auf dieses Verhalten unter anderem in einer weitgehenden Abkoppelung des Eichsfeldes von der wirtschaftlichen Entwicklung.

Etwa 80 Prozent des historischen Gebietes des Eichsfeldes liegen auf dem Territorium des heutigen Thüringen, der Rest befindet sich in Niedersachsen und Hessen. »Ich weiß nicht, dass ich jemals von der zauberhaften Schönheit eines Erdenfleckens so innerlich berührt worden wäre«, schrieb der Mitte des 19. Jahrhunderts für knapp ein Jahrzehnt als Kreisrichter in Mühlhausen tätige Schriftsteller Theodor Storm über die Region. Die Menschen hier blieben sich über all die Jahrhunderte treu, ließen sich nicht verbiegen. Nach dem Zweiten Weltkrieg versuchten die DDR-Oberen ebenfalls, den Katholizismus zurückzudrängen. Der »Eichsfeldplan« der SED sollte in den 1950er Jahren die Idee des Sozialismus in die Köpfe der Eichsfelder zwingen. Menschen, vor allem Atheisten, aus anderen Teilen des Landes sollten hier angesiedelt werden, damit der Anteil der Katholiken an der Gesamtbevölkerung sank. Verstärkte Schichtarbeit sollte sonntags für volle Fabriken und leere Kirchen sorgen. Doch die Pläne gingen nicht auf, die Verfechter des Kommunismus hatten nicht mit der Beharrlichkeit der Eichsfelder gerechnet. Wie in vielen anderen Teilen der DDR zeigte man seine Meinung zum Sozialismus in einem verstärkten Rückzug ins Privatleben. Daneben verband die Pflege eigener, nicht von der DDR-Führung favorisierter Traditionen. Zu Spitzenzeiten sollen zur Männerwallfahrt zur Klüschen Hagis bis zu 20 000 Teilnehmer erschienen sein.

Auch im Eichsfeld ist die Zeit nicht stehengeblieben. In einer von offener Diskussion lebenden Demokratie gibt es keine ernsthaften Gründe für Widerstand und Menschen wegen ihrer Andersartigkeit zu diskriminieren verbietet sich von selbst in einer modernen Gesellschaft. Kein Eichsfelder wird heute wegen seines Glaubens ausgegrenzt. Und so finden die Wallfahrten zur Kirche am Klüschen Hagis, der »Kleinen Klause des Hagens«, so der hochdeutsche Name, bezogen auf eine Eremitenklause, die sich etwa um 1600 neben der Kirche befand, wie seit Jahrhunderten statt. Ja, wenn Linden erzählen könnten …

Singener Berg

Der Sagenberg im Ilmtal

Stadtilm

46 »Zwischen Ilmenau und Stadtilm, die beide am Ilmfluss liegen, erhebt sich ein einzelner Hochgipfel, das ist der Singerberg. Er ist einer der vielen Sagenberge der Thüringerlandes, und die Sagen von ihm sind teils den übrigen verwandt, teils eigentümlich. Er soll den Namen tragen vom Gesang und Getöne, das zuzeiten in seinem Inneren vernommen wird«, schreibt Ludwig Bechstein in seinem 1853 erstmals erschienenen »Deutschen Sagenbuch«. Markante Punkte in der Landschaft, Orte mit einer besonderen Ausstrahlung, regten schon seit jeher die Fantasie der Menschen an. Der Singener Berg, ein scheinbar nicht einer Gebirgskette zugehöriger Einzelberg mit einer Höhe von 582 Metern über dem Meeresspiegel, fällt durchaus in diese Kategorie. Im Ilmtal gelegen, dominiert er die Umgebung und ist aus verschiedenen Richtungen relativ weit zu erkennen.

Der Berg, der Fuhrleute verwirrte.

Einsamer Gipfel in 582 Metern Höhe

Heute steht der Singener Berg unter Landschaftsschutz. Eiben, Schwarzkiefern und Lärchen sowie größere Vorkommen an Silberdisteln und anderen schützenswerten Pflanzen bleiben dem aufmerksamen Wanderer nicht verborgen. Die Kelten hatten einst hier eine ihrer Siedlungen errichtet. Eine Tafel vor Ort informiert, dass die Höhensiedlung der Bronzezeitbewohner eine Ausdehnung von etwa 14 Hektar hatte. Dies konnte anhand entsprechender Funde nachgewiesen werden. Ein Wall, etwa 300 Meter lang, ist noch erkennbar und soll einst die Siedlung begrenzt und geschützt haben. Sogar ein paar Grundrisse von Gebäuden sind noch zu sehen. Ein Spaziergang auf den Singener Berg verspricht nicht nur Bewegung in reizvoller Umgebung, sondern ist gleichzeitig eine Reise zu den Zeugnissen unserer Vorfahren. Doch sollten wir – das sage ich mit einem Augenzwinkern – stets aufmerksam bleiben. Denn hier ereignen sich zuweilen merkwürdige Dinge. In der vorliegenden Ausgabe von 1930 des oben bereits zitierten Buches von Ludwig Bechstein lesen wir von einem Fuhrmann. Dieser glaubte einst, in einem Gasthof zu sein, und fuhr mit seinem Gespann in den Berg hinein, um sein Nachtquartier aufzuschlagen. »Herrlicher Stall, Glänzende Bewirtung; am anderen Morgen spannte er wohlgemut ein, wendete sich noch einmal, in das Haus zu gehen und die Zeche zu bezahlen – weg ist das Haus weg die Stallungen – weg sind die Wirtschaft und ihr Gesinde. Grausen ergreift den Fuhrmann – er fährt von dannen, kehrt in das nächste Wirtshaus ein, sieht an den Kalender, nimmt ihn von der Wand und staunt. Sieben Jahre Sieben Monate und Sieben Tage war er im Singerberg gewesen.« Heute, in Zeiten des modernen Gütertransports mit GPS-gestützter Navigation sollte dergleichen relativ auszuschließen sein.

Bechstein berichtet weiterhin von einem Schäfer, der mit seiner Herde auf den Gipfel des Singener Berges zog. Dort angekommen, soll er mit seiner Schalmei eine bestimmte Melodie angestimmt haben. Daraufhin ist das sagenhafte Schloss, welches einst auf dem Plateau gestanden haben soll, vor seinen Augen erschienen: »… mit offenen Türen und Hallen und«, so lesen wir, »er hat sich hinein gewagt, aber alles darin still und schlafend gefunden. Vom Wein, der da in Fässern und Krügen in Fülle vorhanden war, füllte er seine Kürbisflasche und verließ die Burg wieder, nach seiner Herde zu sehen. Da ist die Burg hinter ihm alsbald wieder hinweggeschwunden. Der Wein war köstlich und er hatte die allerpreiswerteste Eigenschaft, er ward nicht alle, soviel der gute Schäfer auch davon trank. Aber die Burg fand er niemals wieder. … Nach einiger Zeit war der Schäfer zu einem guten Freund gekommen, dem hatte er sein Abenteuer mit dem Singerbergschloß erzählt und zu ihm gesprochen: Da koste nur einmal den Wein, wie aber der andere hat trinken wollen, hat er gesagt: Du Narr! Es ist ja nichts drin.« Deshalb an dieser Stelle noch einmal der Hinweis: Das Gipfelplateau des Singener Berges ist – abgesehen von einer einfachen, schützenden Überdachung für Wanderer – vollkommen unbebaut. Obwohl mancher mit der touristischen Vermarktung der Region Beschäftigte sicher nichts gegen ein Besucherströme anziehendes, Gewinn versprechendes Schloss einzuwenden hätte.

Rund um den Falkenstein

In der Heimat des Meister Eckhart

Tambach-Dietharz

47 Verwechslungen scheinen fast vorprogrammiert. Unter dem Namen Falkenstein finden sich in entsprechenden Nachschlagewerken weit über ein Dutzend Berge und Felsen, dazu eine kaum zu überblickende Anzahl an Burgen und Schlössern. Der uns hier interessierende Fels gehört weder zu den größten Erhebungen mit diesem Namen noch ist er durch eine Burg in die Geschichte eingegangen. Dennoch soll der Falkenstein bei Tambach-Dietharz unsere Aufmerksamkeit erhalten, stellt er doch das wohl bedeutendste Felsgebilde des Thüringer Waldes dar. Nähert man sich zu Fuß dem am Hang liegenden Gebilde aus Porphyr, wird man fast überrascht. Obwohl er 96 Meter aus dem Tal emporragt, scheint er plötzlich aus dem Nichts aufzutauchen. Kletterer bekommen bei seinem Anblick leuchtende Augen – Rettungssanitäter Sorgenfalten. Um letzterer Berufsgruppe vermeidbare Arbeit zu ersparen, sollten ungeübte Kletterer auf eigenmächtige Versuche, die Felswand zu bezwingen, verzichten. Zeitweise machen die Witterung oder solche Verbote ohnehin entsprechende Pläne selbst für erfahrene Kletterer zunichte. Ein Blick in die Wikipedia-Enzyklopädie verrät uns Wissenswertes über den Falkenstein. Die Erstbesteigung absolvierte ein örtlicher Glasmacher namens Jacob Zimmermann erfolgreich im Jahr 1852. Ob durch die Aktivitäten Zimmermanns die Wanderfalken in ihrem Brutverhalten beeinträchtigt wurden, ist nicht überliefert. Jedenfalls lassen sich auch heute noch mit Geduld und Glück ein paar Vertreter der am weitesten verbreiteten Vogelart in der Welt beobachten. Wanderfalken brüten bevorzugt in felsigen Revieren, finden also am Falkenstein optimale Bedingungen vor.

Etwa ein Kilometer von hier soll sich die Burg Altenfels befunden haben. Ein Blick in historische Schriften verrät uns etwas über die

Kletterparadies Falkenstein

Talsperre Schmalwasser

einstigen Bewohner. Johann Georg August Galletti, ein Gothaer Historiker des 18. Jahrhunderts, erwähnt in einem seiner Bücher zur Geschichte seiner Heimatregion den Ritter Eckehard von Hochheim. Dieser soll um 1260 Burgvogt auf Altenfels gewesen sein. Dass wir heute überhaupt noch von seiner Existenz wissen, verdanken wir in erster Linie seinem Sohn, dem etwa 1260 geborenen späteren Theologen und Philosophen Meister Eckhart. Viel ist nicht überliefert von den Vorgängen in und um Burg Altenfels. Der Verfall der Anlage begann vor Jahrhunderten, spätestens jedoch im Dreißigjährigen Krieg. Die Steine der Burg dienten als Baumaterial für die Häuser in den umliegenden Ansiedlungen, eine größere Anzahl davon fand Verwendung beim Bau der Dietharzer Kirche. Am ehemaligen Standort der Burg sind kaum noch Spuren von Altenstein zu finden.

Schauen wir uns stattdessen lieber in der Umgebung nach Naturdenkmalen um. Der einst kleine Bach namens Schmalwasser, der im Tal rauscht, wurde in den 1990er Jahren zur Talsperre angestaut. Ursprünglich gedacht zur Trinkwasserversorgung, dient die Anlage mittlerweile primär dem Hochwasserschutz. Parallel dazu werden

Steinernes Tor

Pläne zur Nutzung der Wasserkraft verfolgt. Unweit des südlichen Endes der Talsperre befindet sich das Röllchen. Der Name der Felsklamm bedeutet »Geröll«. In der Tat bahnt sich der wilde Bach im engen Bergeinschnitt seinen Weg auf abenteuerliche Weise zwischen den Porphyr-Geröllbrocken talwärts. Die Auswirkungen der Naturgewalten werden hier besonders deutlich sichtbar. Ebenfalls ein Ergebnis des beharrlichen Wirkens von Sonne, Wind und Wasser ist das Steinerne Tor. Dort haben Erdausspülungen eine Art Felstor geschaffen. Viele Wanderer verweilen kurz zum Fotografieren und laufen weiter zum Hülloch. Der rund 20 Meter hohe Porphyrfelsen lockt ebenfalls Kletterer an. Jedoch, so informiert der Alpenverein auf seiner Homepage, hat der Grundstückseigentümer am Hülloch aufgrund loser Platten das Klettern untersagt. Staunen ist natürlich weiterhin erlaubt.

Im Gebiet um Falkenstein und Schmalwassertalsperre ist schon mancher Wandermuffel zum Naturfreund geworden. Oder, wie Meister Eckhart einst sagte: »Dich kann niemand behindern als du dich selbst«.

Mallinden

Ort der Gerichtsbarkeit

Vogtei

48 Unser nächstes sagenhaftes Naturdenkmal finden wir in der Gemeinde Vogtei. Die 4500-Einwohner-Gemeinde wurde in dieser Form erst vor einigen Jahren im Rahmen einer Verwaltungsreform geschaffen und setzt sich aus den drei Ortsteilen Oberdorla, Niederdorla und Langula zusammen. Und genau dazwischen, an einer viel befahrenen Straße, stehen drei mächtige Lindenbäume. Der älteste davon, eine Sommerlinde, dürfte schon mindestens 400 Jahre zählen. Vor rund 100 Jahren füllte man den hohl gewordenen Stamm mit Steinen und Beton. Der Baum hat dadurch an Standfestigkeit gewonnen und dennoch seine Lebenskraft bewahren können. Allerdings lässt die nach damaligen Erkenntnissen durchgeführte Sanierung des Baumveteranen keine genaue Altersbestimmung mehr zu, die Jahresringe sind nicht mehr zählbar. Auf immerhin auch schon 200 Jahre

Drei Linden mit scheinbar einer Krone

Historischer Gerichtsplatz

Infos über die Geschichte

können die beiden Winterlinden zurückblicken, welche das Trio ergänzen. Aus der Ferne ist sehr gut zu erkennen, dass die drei eine gemeinsame Krone bilden. Jede der drei Linden bringt es auf eine stattliche Höhe von über 20 Metern.

Der Ort dient heute als Rastplatz, mancher Autofahrer, der auf der vorbeiführenden L1016 zwischen Mühlhausen und Eisenach eine Pause einlegen will, wählt als Ort dafür das schattenspendende Blätterdach und nimmt mit Snackbox und Thermoskanne am steinernen Tisch Platz. Vielleicht wirft der eine oder andere dann noch einen oberflächlichen Blick auf die Gedenktafel. Wer sich jedoch genauer mit den Mallinden beschäftigt, muss erkennen, dass der Ort mehr Fragen aufwirft, als er Antworten zu geben vermag.

Möglicherweise stehen die drei Bäume auf einem Grabhügel aus vorchristlicher Zeit. Auf entsprechende, diese Vermutung unterstützende Ausgrabungen wurde bislang verzichtet. Die Tätigkeit der Archäologen hätte den Bäumen, die seit 1936 unter Schutz stehen, wahrscheinlich großen Schaden zugefügt. Allerdings passen die in der Nähe gemachten Funde durchaus zu dieser These. Ein paar hundert Meter von hier stieß man in den 1950er Jahren zufällig auf erste

Gegenstände. Spätere, dann planmäßig durchgeführte Grabungen förderten menschliche und tierische Schädel zutage. Die daneben gefundenen Metallgegenstände und Keramikfragmente ließen eine Datierung auf ungefähr das sechste vorchristliche Jahrhundert zu. Damit gilt als bewiesen, dass die Region in der unter Fachleuten als Hallsteinzeit bekannten Ära besiedelt war.

Andere Forscher halten den Standplatz der Mallinden für einen Gerichtsplatz. Bei den Germanen und Slawen galt die Linde als ein besonderer Baum. Oftmals wurde ein Exemplar an zentraler Stelle im Dorf oder eben außerhalb an Orten mit einer besonderen Bedeutung gepflanzt. So könnten die Mallinden durchaus als Gerichtsplatz gedient haben, denn bis ins Mittelalter hinein wurde vielerorts Recht – oder was man seinerzeit dafür hielt – im Freien gesprochen. Hartnäckig halten sich Vermutungen, dass hier mindestens einer jener berüchtigten Hexenprozesse stattfand, bei denen quasi die juristische Grundlage für einen Scheiterhaufen gelegt wurde. Der – wie wir heute sagen würden – Gerichtsbezirk erstreckte sich auf die Mark Dorla. Erstmals erwähnt wurde diese im Jahr 980. Irgendwann im Mittelalter ging das Gebiet in den Besitz der Herren zu Treffurt über, die Ganerbschaft Treffurt war ein kleiner Teilstaat des bis zum Beginn des 19. Jahrhunderts bestehenden Heiligen Römischen Reiches Deutscher Nation. Allerdings bleibt zu bedenken: Sollte hier bis zum Mittelalter tatsächlich Gericht gehalten worden sein, dann kaum unter den heute vorhandenen Linden. Selbst wenn wir, wie es manche Experten getan haben, der ältesten Linde ein Alter von 600 Jahren zugestehen, dürften Urteile allenfalls unter dem schützenden Blätterdach der Vorgängerbäume gefällt worden sein. Nehmen wir uns dennoch einen Augenblick Zeit, freuen uns an den stattlichen Bäumen und deren wechselvollem Erscheinungsbild im Wandel der Jahreszeiten. Denn unabhängig von der Nutzung des Ortes in früheren Jahrhunderten kann man dem Ort seine Schönheit nicht absprechen.

Teufelskanzel

Blick auf die Saalekaskade

Ziegenrück

49 Die Aussicht verschlägt einem förmlich den Atem. Für Besucher von Ziegenrück gehört es zum Pflichtprogramm, eine Wanderung zur Teufelskanzel zu unternehmen. Geologisch gesehen handelt es sich bei der Teufelskanzel um eine Felsengruppe unterhalb des Lasterberges am nordöstlichen Ufer der Saale bei Ziegenrück. Der Aussichtspunkt gleichen Namens befindet sich jedoch ein paar Meter davon entfernt. Die Stelle wurde unter anderem gewählt, um Wanderunfälle zu vermeiden, um den Spaziergängern einen sicheren Zugang zu gewährleisten und ihnen dennoch das grandiose Panorama auf die Saale nicht vorzuenthalten. Zum Aussichtspunkt gelangt man am schnellsten vom Ort Paska aus. Der Weg ist gut ausgeschildert. Besonders reizvoll ist der Spaziergang in den Monaten, in denen Bäume nicht voll belaubt sind.

Saaleschleife bei Ziegenrück

An der Bleilochtalsperre

Museum zur Wasserkraft in Ziegenrück

Dann sind häufigere und ungestörtere Saaleblicke möglich. Der Fluss macht in der Nähe der Teufelskanzel eine Schleife und wendet sich praktisch in einer fast 180-Grad-Kurve um den Eichenberg. An dieser Stelle wird die Saale bereits zur Hohenwartetalsperre gestaut.

Die Hohenwarte ist mit vier weiteren Staustufen Bestandteil der Saalekaskade. In den 1930er und 1940er Jahren errichtet, gehört die Anlage zu den größten im 20. Jahrhundert realisierten Bauprojekten ihrer Art. Im Bereich, in dem sich die Saale ihren Weg durch das Thüringer Schiefergebirge bahnt, ist das Tal des Flusses relativ eng und bot beste Voraussetzung zum Bau der Stauanlagen. Ein Grund für die Regulierung des Flusses bestand in der dringenden Notwendigkeit des Hochwasserschutzes. Vor dem Bau der Staustufen war die Saale hier wild und ungezähmt, trat nicht selten über die Ufer. Im Jahr 1890 versetzte eine größere Überschwemmung die Anwohner der ufernahen Gebiete in Angst und Schrecken und richtete größere Schäden an. Weiterhin plante man durch gezielten Zufluss den Wasserstand an der Elbe zu regulieren und damit saisonale Probleme bei der Binnenschifffahrt zu reduzieren. 1926 begann zunächst der Bau

Staumauer der Bleilochtalsperre

der Bleiloch-Talsperre. Während der achtjährigen Bauphase wurde die Saale mittels einer gigantischen, 65 Meter hohen und 205 Meter langen Staumauer zu – bezogen auf das Fassungsvermögen – Deutschlands größtem Stausee angestaut. Nach Fertigstellung der Bleiloch-Talsperre begannen die Arbeiten an der Hohenwarte. Deren Staumauer hat eine Höhe von 75 und eine Länge von 412 Metern. Um beide Stauseen errichten zu können, mussten im Vorfeld Menschen umgesiedelt werden. Im Fall der Hohenwartetalsperre betraf das die rund 250 Einwohner des Dorfes Preßwitz.

Von der Teufelskanzel aus betrachtet wirkt die Wasserfläche ruhig, fast idyllisch. Doch sollten wir nicht vergessen, welche Kräfte im Wasser liegen, über welches Potential die planmäßig genutzte Wasserkraft verfügt. Der in den Turbinen der Pumpspeicherwerke erzeugte Strom ist wie in den Anfangsjahren ein wichtiger Bestandteil bei der Energieversorgung. Der Einfluss des Saalewassers auf den Wasserstand der Elbe spielt heute dagegen kaum mehr eine Rolle.

Hinzugekommen ist in den letzten Jahrzehnten der Aspekt der Naherholung. Erholungssuchende haben den Reiz der Landschaft

Blick von der Teufelskanzel

erkannt, die mit einem Augenzwinkern mit den Fjorden Norwegens verglichen wird. Wassersport in vielen Formen lockt Begeisterte besonders an die Bleiloch-Talsperre, deren Namen übrigens von dem in früheren Jahrhunderten hier abgebauten Blei herrührt. Fahrgastschiffe ziehen gemächlich ihre Bahnen, an einigen Uferbereichen stehen Bungalows. Dennoch stößt man hier kaum auf die Spuren von Massentourismus. Als Grund wird von den Einheimischen oft der als unzureichend empfundene Ausbau der Infrastruktur genannt. Immerhin befindet sich eine im Zweiten Weltkrieg zerstörte wichtige Straßenbrücke seit 1945 in unverändertem Zustand. Auch wünscht man sich mitunter mehr Berücksichtigung in touristischen Entwicklungsplänen. Andere Stimmen schätzen genau diese Situation, verweisen auf Naturnähe, die Ursprünglichkeit und die sich daraus ergebenden Möglichkeiten. Ein Blick von der Teufelskanzel könnte Gelegenheit sein, sich selbst eine Meinung dazu zu bilden.

Hörselberge

Tannhäuser an der Autobahn

Wutha-Farnroda

50 Die A4 gilt als einer der wichtigsten Verkehrswege Deutschlands. Ursprünglich geplant von der niederländischen Grenze bei Aachen bis zur polnischen Grenze bei Görlitz, stellt die viertlängste der deutschen Autobahnen eine wichtige Ost-West-Verbindung dar. Dass einst große Pläne heute anders bewertet werden, zeigt allerdings auch die Baulücke zwischen Krombach im Siegerland und dem Kirchheimer Dreieck. Dabei nahm die Autobahn einmal einen vorderen Platz im »Unternehmen Reichsautobahn« ein. Hitler forcierte Pläne aus der Weimarer Republik, machte sie zu seinen »Monumenten des Tausendjährigen Reiches«. Nur gegenüber Fakten resistente Unbelehrbare glauben heute noch an die entsprechenden intellektuellen Fähigkeiten des größenwahnsinnigen Führers. Tatsache ist: Auch

Die Hörselberge: gute Adresse für Wanderer

wenn die Wähler 1933, als sich die Demokratie in einer Krise befand, nicht den populistischen Phrasen Glauben geschenkt hätten, wenn sie damals die sich zur Volksherrschaft anbietende Alternative als Weg in die Sackgasse erkannt hätten, würden heute die Kraftfahrzeuge mit hoher Wahrscheinlichkeit ebenfalls ein mehrspuriges Betonband am Fuß der Hörselberge nutzen können. Die Nationalsozialisten verwiesen, wohl um den primären Zweck, nämlich die Gewährleistung schneller Rüstungstransporte, zu kaschieren, auf den zivilen Nutzen. Die Autobahnen sollten die Kraftfahrer an den schönsten Landschaften vorbeiführen. Diesen Anspruch erfüllte der beeindruckende Blick auf die Wartburg unweit der Hörselberge mit Sicherheit. Allerdings nahm man beim Autobahnbau auch die Zerstörung legendärer und sagenhafter Orte in Kauf. So fiel beispielsweise die Kemenate des Rittergeschlechts Waltmann von Sättelstädt am Sperlingsberg in den 1930er Jahren dem Streckenabschnitt im Bereich der Hörselberge zum Opfer. Ludwig Bechstein berichtet in seinem 1835 erschienenen Buch »Der Sagenschatz und die Sagenkreise des Thüringerlandes« von jenem heldenhaften Edelmann, welcher sich zu Zeiten des Landgrafen Ludwig des Frommen und der heiligen Elisabeth durch besonders edles Verhalten seiner angebeteten Jungfrau gegenüber und gleichzeitig Kampfesmut wider seiner Herausforderer auszeichnete. Der Ritter forderte zum Kampf heraus, stellte demjenigen, dem es gelänge, ihn zu schlagen, neben materiellen Werten seine Liebste als Preis in Aussicht. Viele versuchten es, keinem gelang es, ihn zu besiegen. So zog der Ritter am Ende mit reichlich Siegprämien und seiner Holden im Arm von dannen.

Dies ist jedoch nur eine von vielen Sagen der Region. Das Gebiet der Hörselberge scheint trotz scheinbarer Dauerpräsenz der Moderne in Form der Autobahn wie geschaffen zur Bildung von Legenden. Beim Anblick des sechs Kilometer langen und sich auf bis zu 484 Meter Meereshöhe erhebenden Höhenzuges erklingen jedes Mal die Takte der Tannhäuser-Ouvertüre vor meinem geistigen Ohr. Immerhin wird der Venusberg, also jenes aus der Oper bekannte

Mächtige Felsen formen die Landschaft.

Tafeln vermitteln nützliche Hintergründe.

Sagenmotiv aus dem Mittelalter, hier lokalisiert. Zumindest als eine von mehreren Möglichkeiten. Zwischen Nordsee und dem Nordrand der Alpen bemühen sich mehrere Orte darum, die Möglichkeit, dass der Minnesänger Tannhäuser eben dort seiner holden Venus begegnet und verfallen ist, touristisch zu vermarkten. »Der Tannhäuser war ein Ritter gut, / Er wollt groß Wunder schauen, / Da zog er in Frau Venus Berg / Zu andern schönen Frauen« schrieben Achim von Arnim und Clemens Brentano in »Des Knaben Wunderhorn« nieder. Richard Wagner griff das Thema auf und machte es zur Grundlage seines Meisterwerkes. So verwundert es nicht, dass am Hörselberg entdeckte Höhlen nach Venus und Tannhäuser benannt wurden.

Die Spuren menschlicher Besiedlung reichen bis ins erste Jahrtausend, über die Funde wird in den »Heimatblättern für den Kreis Eisenach« Jahrgang 1937 Heft 2 ausführlich berichtet. Ob hier, wie vermutet, die heidnische Göttin Frau Holda, also jene gütige Gemahlin des »Chefgottes« Wotan beheimatet war, wird wohl auf ewig ungeklärt bleiben – und das ist im Bereich der Mythen ja auch gar nicht mal so schlecht. So sollten wir dem großen Hörselberg und den kleineren Erhebungen durchaus ein paar von ihren Geheimnissen gönnen. Schließlich wendet sich auch bei Richard Wagner am Ende alles zum Guten. Nach drei Stunden grandioser Bühnenkunst und Musik, die einem unwillkürlich zum aufrechten Sitz im Theatersessel zwingt, erhält Tannhäuser Vergebung von höchster Stelle. In »Des Knaben Wunderhorn« lesen wir dazu: »Das soll nimmer kein Priester tun, / Dem Menschen Mißtrost geben, / Will er denn Buß und Reu empfahn, / Die Sünde sei ihm vergeben.« Die Autobahnausfahrt Wutha-Farnroda wird zur Heimfahrt angesteuert.

Bildnachweis

Alle Fotos von Barbara Gerlach außer:
Czauderna, Henry (Fotolia) **S. 71**
Miltzow, Michael **S. 160**
Radke, LMBV Radke Pressefoto **S. 133**
Schmidt, Matthias Frank **S. Titelbild, 161, 162, 163**
Wikipedia **S. 12:** Von Freak-Line-Community – Selbst fotografiert, CC BY-SA 3.0, https://commons.wikimedia.org/w/index.php?curid=11179742 | **S. 13:** Von Freak-Line-Community – Selbst fotografiert, CC BY-SA 3.0, https://commons.wikimedia.org/w/index.php?curid=11179768 | **S. 17:** http://www.altensteiner-hoehle.de/, gemeinfrei, https://commons.wikimedia.org/w/index.php?curid=1989573 | **S. 39:** Von Michael Sander – Eigenes Werk, CC BY-SA 3.0, https://commons.wikimedia.org/w/index.php?curid=7213919 | **S. 51:** Von Rainer Lippert – Eigenes Werk, CC0, https://commons.wikimedia.org/w/index.php?curid=13934388 | **S. 52:** Von Andreas Hannusch, CC BY-SA 3.0, https://commons.wikimedia.org/w/index.php?curid=4178711 | **S. 53:** Von Rainer Lippert – Eigenes Werk, CC0, https://commons.wikimedia.org/w/index.php?curid=13934470 | **S. 54:** Von Andreas Hannusch, CC BY-SA 3.0, https://commons.wikimedia.org/w/index.php?curid=4178675 | **S. 55:** Von ErwinMeier – Eigenes Werk, CC BY-SA 3.0, https://commons.wikimedia.org/w/index.php?curid=48710350 | **S. 130:** Von Kramer96 – Eigenes Werk (Originaltext: eigene Aufnahme), CC BY-SA 3.0, https://commons.wikimedia.org/w/index.php?curid=35299626 | **S. 131:** Von Kramer96 – Eigenes Werk, CC BY-SA 3.0, https://commons.wikimedia.org/w/index.php?curid=7932384 | **S. 134:** Von André Karwath aka Aka – Eigenes Werk, CC BY-SA 2.5, https://commons.wikimedia.org/w/index.php?curid=3817946 | **S. 140 links:** Von Björn Strey - IMG_5324X, CC BY-SA 2.0, https://commons.wikimedia.org/w/index.php?curid=26606876 | **S. 140 rechts:** Manuel Werner, Nürtingen (Arbeitsgemeinschaft Fledermausschutz Baden-Württemberg), CC BY-SA 2.0 de, https://commons.wikimedia.org/w/index.php?curid=63347033 | **S. 164:** Von NoRud – Eigenes Werk, CC BY-SA 3.0, https://commons.wikimedia.org/w/index.php?curid=40176905 | **S. 165:** © Geolina, CC BY-SA 4.0, https://commons.wikimedia.org/w/index.php?curid=40193439 | **S. 173:** Von Michael Sander – Selbst fotografiert, CC BY-SA 3.0, https://commons.wikimedia.org/w/index.php?curid=807187 | **S. 174:** Von Giorno2 - Eigenes Werk, CC BY-SA 4.0, https://commons.wikimedia.org/w/index.php?curid=42782975

Umschlagfotos

Titelseite:
Großes Foto: Feengrotten (Saalfeld)
Schloss Burgk (Burgk)
Frühlings-Platterbse (Mönchsberg)
Gänseschnabel (Harztor)

Rückseite:
Trusetaler Wasserfall (Brotterode-Trusetal)
Nationalpark Hainich (Mülverstedt)
Höckhübel (Lumpzig)

Die Deutsche Nationalbibliothek verzeichnet diese Publikation
in der Deutschen Nationalbibliografie;
detaillierte bibliografische Daten sind im Internet über
http://dnb.d-nb.de abrufbar.

1. Auflage 2019

Berliner Allee 38, 13088 Berlin, Tel. (030) 41 93 50 14
info@steffen-verlag.de, www.steffen-verlag.de

Lektorat: Marijke Leege-Topp

Herstellung: Steffen Media, Friedland – Berlin – Usedom
www.steffen-media.de

ISBN 978-3-95799-070-9